Bruno Hespeler

Rehjagern

Bruno Hespeler

Rehjagern

Ein Praxisbuch

Österreichischer Jagd- und Fischerei-Verlag

Bruno Hespeler, Jahrgang 1943, war lange Jahre Berufsjäger und Revierleiter im Allgäu. Er lebt heute als freier Journalist und Sachbuch-Autor in Kärnten.

2. unveränderte Auflage

Titelbild: Markus Zeiler

Fotos: Alex Arh (1): Seite 84; Tomaz Bovha (1): Seite 86; Christoph Burgstaller (4): Seiten 10, 38, 50, 196; Rainer Deible (1): S. 100; Werner Eigelshofen (1): S. 60; Hermann Hirsch (1): S. 62; Thomas Kirschner (1): S. 82; Miha Krofel (1): S. 97; Peter Lindel (3): S. 42, 57, 102; Rolf Müller (1): S. 53; Andreas Palatin (1): S. 129; Natalija Pišec (3): 44, 65, 204; Jörg Renner (1): Seite 163; Helge Schulz (6): Seiten 31, 63, 73, 89, 124, 161; Jan Ševčik (1): Seite 75; Markus Stähli (6): Seiten 26, 48, 68, 78, 112, 148; Jaroslav Vogeltanz (11): S. 2, 56, 76, 80, 94, 108, 122, 174, 200, 216, 223; Alle anderen Fotos: Bruno Hespeler bzw. Archiv Bruno Hespeler.

Lektorat, Layout, Leitung Produktion: Michael Sternath

*Tidbitfadinaway, Ole Goof.
Ainthatrite? Got tagob acktidbitaroo ties,
me guess...*

Verlagsassistenz und Sekretariat: Angela Pleyel

Bildbearbeitung: Reprozwölf, Wien

Gesamtherstellung: Ferdinand Berger & Söhne Ges.m.b.H., Horn

ISBN 978-3-85208-162-5

INHALT

Vorwort

Bücher über Rehwild gibt es eine ganze Menge. Sie geben meist Auskunft über die Biologie dieser Wildart, über ihren Lebensraum und ihre Trophäen. In diesem Buch soll es vor allem um die Bejagung gehen. Nicht wenige Jäger werden überzeugt sein, hierzu weder Ratschläge noch sonstige Hilfen zu benötigen. Andererseits wird landauf und landab gejammert, es gebe kein Rehwild mehr oder die Abschüsse seien – unabhängig von der tatsächlichen Wilddichte – nicht mehr machbar. Also ist es vielleicht doch sinnvoll, darüber zu reden?

Nicht vertieft wird hier das Thema Bewegungsjagd. Dies geschah schon ausführlich in dem im gleichen Verlag erschienenen Buch „Riegeljagd". Auch auf das Buch „Jägerhandwerk", das viele weitere Hinweise auch zur Rehwild-Bejagung liefert, darf verwiesen werden.

In diesem Buch findet sich viel Grundsätzliches, aber eben auch ganz persönliche Beispiele aus der eigenen Praxis. Sie sollen als Anregung dienen, und der Jäger muss, wenn er sie ins eigene Revier transportiert, einfach auch „kreativ" denken, muss Mut zu Variationen haben. Er muss experimentieren, muss ausprobieren. Dann wird er sicher nicht leer ausgehen.

Noch etwas: Jagd muss aber auch Freude machen, und auch zu der führt Vielfalt eher als Einfalt!

Um es kurz zu machen: Das Rad wird hier nicht neu erfunden! Aber es werden viele Möglichkeiten einer sauberen und gesetzeskonformen Bejagung aufgezeigt. Was wir allerdings nicht haben, ist eine einheitliche Gesetzeslage. So ist das Kirren vielerorts verboten (wobei Papier geduldig ist), während es anderen Ortes sogar von den Verbänden der Jäger empfohlen wird. Der Leser möge bitte nachsehen, wenn das Buch nicht ausschließlich auf die Rechtslage und die besonderen Verhältnisse seines Landes zielt. Überdies kann heute noch verboten sein, was morgen empfohlen wird und ebenso morgen verpönt sein, was heute noch als recht angenehme Praxis empfunden wird. Die Zeit geht über die Dinge hinweg, sie wird geprägt von Veränderungen. Vergessen wir dabei nicht, dass das Leben selbst nichts anderes ist als Bewegung, die nur durch Veränderungen entsteht. Also dann – Weidmannsheil!

Nötsch, Herbst 2018

Rehe erlegen – etwas Anatomie

Büchsenschuss oder Schrotschuss?

In Österreich wird schon die Überschrift Unmut hervorrufen – „Schrotschuss auf Rehwild" ... Keine Angst, der Autor will den Schrotschuss auf Rehe nicht in Österreich einführen, wobei die Anmerkung erlaubt sei, dass er bis 1938 selbstverständlich war und immerhin in Vorarlberg seit Jahrzehnten wieder erlaubt ist! Österreichische Jäger kommen aber heute jagdlich auch weit herum. Nicht wenige erleben die Rehwildjagd in der Schweiz, wo ein erheblicher Teil der Rehe immer noch auf Treibjagden mit der Flinte erlegt wird (ausgenommen Graubünden), andere fahren nach Schweden. Insgesamt ist der Schrotschuss auf Rehe auch heute noch in weiten Teilen Europas Praxis. *(Eine genaue Übersicht hierzu findet sich in meinem Buch „Rehe in Europa").*

Die Meinung, der Schrotschuss sei nicht tierschutzgerecht, ist absolut irrig. In vielen Fällen tötet er besser als ein Büchsenschuss! Das Problem ist der undisziplinierte Jäger, jener, der auf Rehe Dampf macht, ohne Rücksicht auf ihre Entfernung, egal ob zu weit oder zu nahe.

Es gibt aber auch noch ein weiteres Problem: die Schrotgröße. Der schlechte Ruf des Schrotschusses geht ursächlich darauf zurück, dass vor seinem Verbot mehrheitlich gar keine Schrote, sondern Posten verwendet wurden. Das sind Bleikugeln mit einer Stärke über 4 Millimeter. Eine Patrone im Kaliber 12/70 enthält bei einer Ladung von 32 Gramm nur 84 Schrote der Nummer 0 = 4,5 Millimeter, jedoch 200 der Nummer 5 = 3 Millimeter, also mehr als doppelt so viele.

Nun beruht die Wirkung des Schrotschusses nicht auf Organzerstörung, sondern auf der Schockwirkung. Dazu ist ein tiefes Eindringen in den Wildkörper, wie es gröbere Schrote gewähr-

Schrotschuss auf Rehe?

In der Schweiz, aber auch in vielen anderen Ländern Europas, werden die meisten Rehe immer noch auf herbstlichen Treibjagden vorm Hund und mit Schrot erlegt. Urteilen sollte man erst, wenn man es selbst erlebt hat!

leisten, überhaupt nicht notwendig. Notwendig sind möglichst viele Treffer, die nicht weit unter die Haut dringen müssen.

Schlechte, vielleicht etwas zu weit hinten sitzende Schüsse wirken sich auf die Organe der Bauchhöhle meist nicht so zerstörerisch aus wie Büchsenschüsse, töten aber dank ihrer Schockwirkung. Dennoch ist der Jäger bestrebt, flüchtigen Rehen die Schrote auf den Trägeransatz zu setzen. Bei stehenden Rehen wird mehrheitlich aufs Blatt geschossen. Vom Ansitz aus jagt mit Schrot kaum jemand; dafür gibt es den Büchsenschuss.

Der Büchsenschuss

So, jetzt aber zu dem, was bei uns üblich ist, zum Büchsenschuss, landläufig meist „Kugelschuss" genannt. Er soll Organe zerstören und so zu einem Flüssigkeitssturz führen. Nicht erwünscht sind grobe Knochentreffer, etwa auf die Blattschaufel, weil es hierbei zu starker Splitterwirkung sowie zu oft großen Ausschüssen und Hämatomen kommt. Damit ist vorgezeichnet, wohin der Jäger zu schießen versucht – in die Kammer und möglichst so, dass Herz und Aorta getroffen werden. Dabei bricht schlagartig das Kreislaufsystem zusammen. Wird nur die Lunge getroffen, muss das nicht sein. Dringt das Geschoß zwischen zwei Rippen in den Wildkörper ein, kann die Gefäßzerstörung gering sein, und das getroffene Stück kann – je nach Schwere der Verletzung – noch eine beachtliche Strecke flüchten. Bei tiefen Herzschüssen sind kurze Fluchten die Regel. Sie bewegen sich fast ausschließlich im Bereich unterhalb von fünfzig Metern.

Bei Schüssen, die ein Reh hinter dem Zwerchfell, also im Bauchraum treffen, geht es häufig auch am Anschuss zu Boden, weil die Nerven geschädigt sind und Schmerzen das Wild bei der Flucht hemmen. Das ist häufig bei Leberschüssen so. Teil-

„Durchsicht" durch die Kammer eines Rehbocks.

Das Herz liegt tief im Brustkorb; wer „mitten aufs Blatt" schießt, zertrümmert den Knochen, mit der Folge vieler kleiner Splitter im Wildbret und meist großen Hämatomen.

weise flüchten Rehe mit schweren „Weichschüssen“ auch noch mit heraushängendem Gescheide erhebliche Strecken, häufig erst, nachdem sie vom Jäger nach Schuss und Zusammenbrechen aufgemüdet wurden. Das ist möglich, weil das Kreislaufsystem noch funktioniert. Solche am Abend beschossenen Rehe leben mitunter auch am Folgemorgen noch.

Insgesamt lässt sich sagen, dass es sich bei den allermeisten Rehwildnachsuchen um reine, kurze Totsuchen im Bereich von unter fünfzig Metern handelt. Sie sind bei tiefen Herzschüssen nahezu die Regel.

Was passiert beim Schuss?

Wird ein Reh von einem Büchsengeschoß getroffen, kommt es zu mehreren unterschiedlichen Wirkungen, die in ihrer Stärke von der Ladung und vom Geschoß selbst abhängig sind. Erwünscht ist neben einer Nervenlähmung eine Organzerstörung. Die Nervenlähmung entsteht beim Aufprall des Geschoßes auf den Wildkörper; Gewicht und Auftreffgeschwindigkeit des Geschoßes spielen dabei eine wesentliche Rolle. Durchschlägt ein Geschoß mit nahezu gleicher Wucht beide Körperseiten, kommt es zu einem „paarigen Schock“. Je höher die Geschwindigkeit, mit der ein Geschoß den Wildkörper trifft, umso stärker ist die Schockwirkung. Das Gewicht eines Geschoßes wirkt umgekehrt. Je schwerer es ist, umso geringer ist seine Schockwirkung.

Der Schlag, der beim Auftreffen des Geschoßes erfolgt, führt im Wildkörper zu Stoß- und Druckwellen. Diese lassen mit Flüssigkeit gefüllte Organe des Wildkörpers platzen. Auch hier ist die Auftreffwucht des Geschoßes maßgebend.

Hinter dem Geschoß entsteht durch die Sogwirkung ein Unterdruck. Über- wie Unterdruck wirken auch noch weit vom Wundkanal entfernt zerstörerisch.

Die Mindest-Eindringgeschwindigkeit muss über 500 Meter pro Sekundeliegen, um Sprengwirkung zu erzielen!

Im Wildkörper haben Verformung und Zersplitterung des Geschoßes eine zerstörende Wirkung. Von einem „guten Schuss“ erwartet der Jäger, dass er sofort tötet, zumindest, dass das getroffene Wild möglichst schnell seine Handlungsfähigkeit verliert. Wenn wir Handlungsunfähigkeit als Unfähigkeit noch zu flüchten begreifen, dann wird diese auch mit Schüssen erreicht, die wir keineswegs als optimal oder erstrebenswert sehen. Das Reh, dem der Schuss die Wirbelsäule zertrümmert, geht nicht mehr vom Platz, gleichwohl ist ein derartiger Treffer weder aus Sicht des Tierschutzes noch mit Blick auf die Wildbretverwertung wünschenswert.

Zwei Ausschüsse eines Geschoßes im Kaliber .222 Rem., 3,24 Gramm Teilmantel Spitz von RWS.

Auch beim Büchsenschuss kann es eine grobe Wildbretzerstörung geben, und nicht immer verendet das beschossene Stück schlagartig.

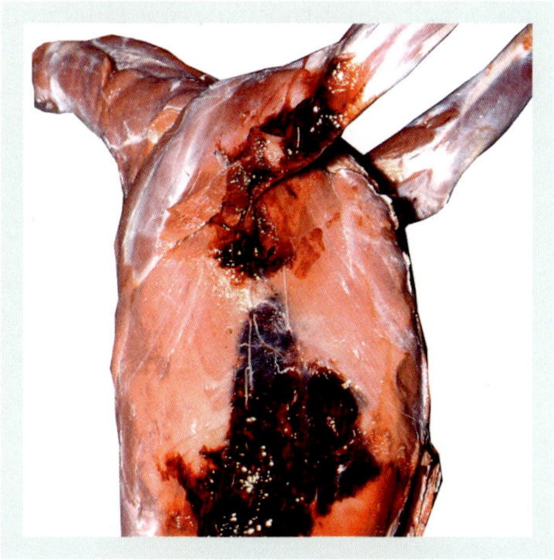

Heute wird gefordert, dass die Handlungsfähigkeit des Tieres beim Tötungsvorgang nach maximal fünf Sekunden eintritt. Das erscheint den meisten Jägern wohl akzeptabel. Unterstellen wir eine Fluchtgeschwindigkeit von zehn Metern pro Sekunde, erreicht ein Reh jedoch eventuell noch eine Fluchtstrecke von maximal fünfzig Metern. Das trifft bei einem erheblichen Teil der Rehe zu, vor allem bei jenen, die einen tiefen Herzschuss erhalten. Die Frage ist aber auch, wie viele Gefäße durch Geschoßteile geöffnet wurden. Ein Reh kann also durchaus mit einem derartigen Schuss auch direkt am Anschuss oder in unmittelbarer Nähe davon verenden.

Das Werkzeug

Man verzeihe mir meine Wortwahl: Viele Jäger „geilen“ sich am Streukreis einer Büchse regelrecht auf. Immer wieder wird mit Schussbildern geprahlt, bei denen sich drei Schüsse mit einer Münze abdecken lassen. Oder wir hören, dass dieses oder jenes Gewehr einen Streukreis von nur zwei Zentimetern hat. Das ist ja nun durchaus positiv und anzustreben, aber schlechte Schüsse haben mit der Streuung des Büchsenlaufes eher selten zu tun.

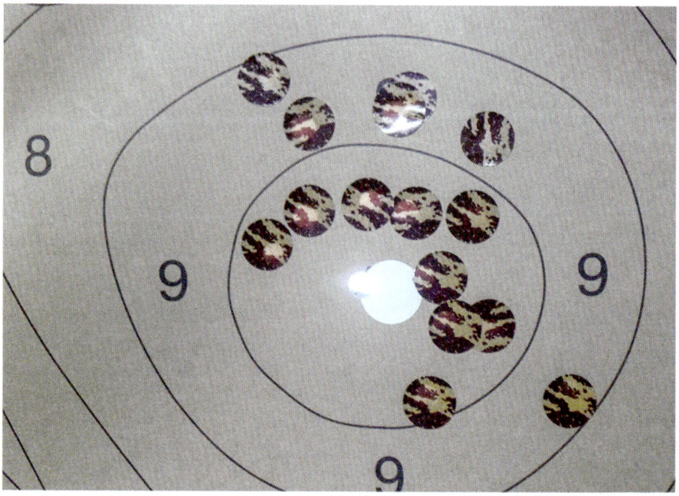

Quasselthema „Streukreis“.

Auch bei einem Streukreis von 5 Zentimetern können wir ein Reh absolut sauber und tierschutzgerecht erlegen, unter Voraussetzung, dass wir nicht mucken. Andererseits hilft ein Streukreis von 2 Zentimetern wenig, wenn Schütze und Wetter nicht mitspielen.

Auf den Quasselseiten des Internets wird endlos über Büchsen und ihre Schussleistungen diskutiert, geprahlt und gestritten. Dabei bleibt meist völlig außer Ansatz, dass bei einem Schuss durch den Rehpansen oder gar durch die Keule der Streukreis mit ganz wenigen Prozenten beteiligt ist. Mag sein, dass ein Büchsenlauf drei oder vier Zentimeter streut, dann bleiben immer noch vierzig Zentimeter, die der Schütze auf seine ganz persönliche Mangelhaftigkeit verbuchen darf.

Man kann es auch anders herum sagen: Ein Streukreis von zwei Zentimetern hilft gar nichts, wenn der Schütze bei einem Reh auch nur zwanzig Zentimeter danebenzittert!

Der Büchsenmacher Lutz Möller, dem man getrost unterstellen darf, dass er weiß, was Sache ist, drückte es so aus: „Das – auch einfache – Gerät ist meist gut genug für den Zweck!"

Entscheiden und Treffen sind gefragt

Das Treffen ist eine Sache, die nur ungern thematisiert wird; selbstverständlich sind alle Jäger hervorragende Schützen … Die Realität schaut anders aus, besonders dort, wo alte Jäger dominieren und nur noch Zufallsjäger sind, das heißt, halt nur noch ein, zwei Stücke im Jahr erlegen. Gerade dort, wo Gemeindejagden (Gemeinschaftsjagden, Genossenschaftsjagden) an Jagdgesellschaften verpachtet sind, werden diese oft von Altjägern dominiert. Das ist ganz natürlich und in keiner Weise unehrenhaft. Wir Alten müssen uns nur selbst beobachten, nicht unbedingt beim Jagen, es genügt zu sehen, welche Mühe viele von uns haben, einen vollen Suppenlöffel ruhig zum Mund zu führen oder wie das Glas in unserer Hand zittert …

Selbstverständlich gibt es auch alte Jäger, die selbst mit achtzig Jahren noch ruhig und zuweilen besser als viel jüngere Jäger schießen und treffen. Aber sie sind eher Ausnahme als Regel. Es geht bei der Jagd ja auch nicht nur um das Treffen, sondern

Nur Übung erhält den Meister.

Wer als Förster oder Berufsjäger alljährlich fünfzig oder gar mehr Stück Schalenwild schießt, dessen Blut gerät nicht so schnell in Wallung. Bei vielen Freizeitjägern ist das jedoch völlig anders, und nur regelmäßiges Übungsschießen auf dem Stand hält sie schießtechnisch fit.

mehr noch um das Reagieren. Wir Alten sind einfach nicht mehr so reaktionsschnell, wir brauchen Zeit. Doch genau die haben wir heute oftmals nicht mehr. Viele Wälder sind einfach andere geworden. Naturverjüngung kann die Jagd erheblich erschweren, weil dem Jäger zwischen Sehen, Ansprechen und Schießen oft nur wenige Augenblicke bleiben. Wenige Schritte, und das Wild verlässt die kleine Lücke und verschwindet wieder in der Verjüngung. Das ist im Prinzip auch auf Forststraßen, an Waldrändern und anderen Ortes so, wenn das Wild ständig mit Störungen rechnen muss. Wo man früher geruhsam überlegen, abwarten und schießen konnte, sind heute schnelle Entscheidungen und Schüsse notwendig.

Viele von uns werden den Bedingungen der Zeit nicht mehr gerecht. Die Schießdisziplin der Jägerprüfung, mit der Büchse, ist mit der Praxis kaum vergleichbar. Der Kandidat hat Zeit, er schießt auch nicht auf lebendes Wild, das macht einen großen Unterschied. Darf er im Sitzen schießen, hat er alle Möglichkeiten, das Gewehr in eine entsprechende Position zu bringen. Auf der Jagd ist das meist anders. Die Höhe der Brüstung ist vorgegeben, ebenso des Jägers Sitzposition. Er muss mehr im Blick haben als auf dem gesicherten Schießstand. Er hat vielleicht nicht unerheblich Jagdfieber. Und während die Rehbockscheibe bei der Prüfung wie eingemauert steht, ändert lebendes Wild immer wieder Standort und Position. Oft eignet sich nur ein kurzer Augenblick für einen sicheren Schuss.

Beispiele

Jäger, die regelmäßig zum Übungsschießen gehen, gehören eher einer Minderheit an. Das liegt zweifellos nicht nur an ihnen, sondern auch an den Umständen. In Deutschland sinkt die Zahl der Schießstände seit Jahrzehnten permanent. Dieselbe Tendenz ist auch in Österreich zu beobachten. Früher einsam gelegen und kaum störend, werden sie vom Bauboom eingeholt. Klagen wegen Lärmbelästigung folgen, Bleibelastung wird thematisiert. Neue Schießstände entstehen kaum noch, und nicht selten sind es gerade Jäger, die Planungen beeinspruchen, wenn neue Schießanlagen in ihrem Pachtrevier oder dessen unmittelbarer Nachbarschaft gebaut werden sollen. So bemüht sich zum Beispiel die Kärntner Jägerschaft schon länger als ein Jahrzehnt, einen aufgelassenen Schießstand im Bezirk Villach zu ersetzen und stößt immer wieder auch auf den Widerstand von Jägern!

Wo es noch Schießstände gibt, finden sich dort nicht selten immer wieder dieselben Jäger ein. Das sind dann jene, die es am wenigsten notwendig haben!

Um die Jahrtausendwende führten wir – im Rahmen der Fortbildung – im Bereich der damaligen Oberforstdirektion Regensburg, auch jagdliche Schießen durch. Geschossen wurde zehn Jahre hindurch auf einem Schießstand der Jägerschaft, bei unterschiedlichen Bedingungen, sitzend und aufgelegt. Jeder konnte sich Zeit lassen. Später wurde auch noch stehend angestrichen geschossen. Auch der Schuss auf den Laufenden Keiler war Pflicht. Anfangs ließen wir den Keiler – wie üblich – einfach durchlaufen, wobei die Trefferquoten ganz grob jenen auf die stehende Rehbockscheibe entsprachen. Irgendwann kam einer auf die Idee, zweimal kurz auf die Stopptaste zu drücken. Das heißt, der Keiler bremste kurz abrupt ab, stand eine oder zwei Sekunden, gab aber gleich wieder Gas. Skeptiker meinten zuvor, das sei sinnlos, denn dann könnten wir ja gleich bei der stehenden Wildscheibe bleiben. Sie hatten unrecht, denn der kurz verhoffende Keiler wurde weniger getroffen als der gleichmäßig flüchtende!

Später benützten wir einen Militärschießstand. Das Besondere dabei war, dass jede Schießbahn drei unterschiedlich weit entfernte versenkte Scheiben hatte. Deren Auftauchen steuerte ein Computer, und ihre Standzeit ließ sich einstellen. Der Schütze wusste folglich weder, welche Scheibe auftauchen würde, noch, wie lange sie oben blieb. Das drückte die Ergebnisse. Erstaunlicherweise wurden diese etwas besser, als wir die Standzeiten der Scheiben nach unten drehten. Sprich: Stand die Scheibe 20 Sekunden lang, was bekannt war, wurde schlechter geschossen als bei deutlich kürzeren Standzeiten. Laienhafte Erklärung: Wir nahmen den Schützen die Zeit, sich aufzuregen und zu zittern!

Eines aber war und blieb durch alle Disziplinen hinweg gleich: Etwa 40 Prozent der Schützen schossen 60 Prozent der Ringe, während 60 Prozent der Schützen nur 40 Prozent der Ringe schoss! Jetzt darf ich das vielleicht etwas polemisch formulieren: Mehr als die Hälfte aller Schützen war für Zufallstreffer und schlechte Schüsse zuständig…

Nun gehörte zu diesen jagdpraktischen Lehrgängen nicht nur Theorie und Schießen auf dem Stand, sondern auch jeweils eine Riegeljagd, bei der Reh- und Schwarzwild sowie Fuchs frei waren. Bei diesen Jagden erhielt jeder Schütze eine Standkarte, auf der das gesehene wie das beschossene Wild vermerkt wurde. Zudem gab es eine Unterteilung in stehendes Wild, solches in langsamer Bewegung und hochflüchtiges Wild. Und jetzt das gleichermaßen bemerkenswerte wie bezeichnende Ergebnis: Jene 40 Prozent der Teilnehmer, die auf dem Schießstand gute Ergebnisse erzielten, lieferten nicht nur den Löwenanteil der Strecke, sie vermerkten auch signifikant mehr langsame oder stehende Rehe auf ihren Standkarten. Die auf dem Schießstand mäßigen bis schlechten Schützen gaben an, keinen Anlauf gehabt zu haben oder nur von hochflüchtigem (nicht beschießbarem) Wild. Sie lieferten wenig Strecke und zeichneten eher für schlechte Schüsse verantwortlich.

Hätten alle Teilnehmer eine ähnlich gute Schießleistung erbracht wie die besseren 40 Prozent, dann wären die Strecken vermutlich doppelt so hoch gewesen!

Auf den Punkt gebracht

- Wenn die Schießleistung mit der Büchse bei einem Teil der Jäger nicht unter das Niveau der Jägerprüfung absinken würde, wäre vielerorts die Erfüllung des Rehwildabschusses kein so großes Problem!

Forderungen

Wer in Deutschland im Landeswald an einer Drückjagd teilnehmen will, muss einen Schießnachweis vorlegen. Diese Regelung wird immer häufiger auch von großen privaten Forstbetrieben und selbst von Jagdpächtern übernommen. In Schweden muss seit jeher jeder, der auf den Elch jagen will, eine Schießprüfung ablegen und dabei eine Mindestschussleistung nachweisen.

Die Schweiz hat, soweit ich das überblicke, die strengsten Bestimmungen. Absolut jeder Jäger muss inzwischen alljährlich einen in allen Kantonen einheitlichen Schießnachweis ablegen. Dabei muss sowohl mit der Büchse als auch mit der Flinte geschossen werden. Auch der Österreicher oder Deutsche, der in der Schweiz für einen Tag zur Jagd eingeladen wird, bekommt den erforderlichen Jagdpass nur gegen Vorlage des Schießnachweises. Das sind harte Bedingungen, aber sie sind ein wesentliches Stück Tierschutz und dienen dem Ansehen der Jagd sicher mehr als unser manchmal schon recht penetrantes Brauchtumsgehabe.

In einem Merkblatt des Kantons Aargau zum jährlichen Nachweis der Treffsicherheit heißt es:

> Die sichere Handhabung der Waffe und eine gute Treffsicherheit sind unverzichtbare Bestandteile einer verantwortungsbewussten Jagd. Denn auf der Jagd gilt: Der erste Schuss zählt! Die Treffsicherheit ist aus Gründen des Tierschutzes, der Sicherheit, der Wildbretgewinnung und nicht zuletzt aufgrund einer effizienten Jagd als Grundhandwerk der Jägerinnen und Jäger von herausragender Bedeutung.

Wer in der Schweiz jagen will, muss alljährlich die nachfolgende Schießleistung erfüllen:

> *Schiessprogramm Kugel*
>
> Passe zu 4 Schuss auf stehende Reh- oder Gamsscheibe (DJV-Scheibe mit Einteilung 0, 1, 3, 8, 9, 10 oder St. Galler-Scheibe

mit Trefferfeld), empfohlene Distanz mind. 100 m, als Treffer gelten Punkte 8, 9, 10 bzw. Trefferfeld, Bedingung: 4 Treffer

Das Schiessprogramm Kugel ist jährlich zu erfüllen, sofern der Jäger eine Waffe mit gezogenem Lauf für die Jagd verwendet.

Schiessprogramm Schrot

Passe zu 4 Schuss auf 3-teilige Kippscheibe (Hase/Fuchs) oder auf Rollhase; empfohlene Distanz maximal 30 Meter, als Treffer bei der Kippscheibe gelten vordere und/oder mittlere Klappe, Bedingung: 4 Treffer (*Anmerkung:* in Folge)

Das Schiessprogramm Schrot ist jährlich zu erfüllen, sofern der Jäger eine Waffe mit glattem Lauf für die Jagd verwendet.

So viel zur Schweiz. Und in Österreich? Hier hat beispielsweise das Bundesland Kärnten vor vielen Jahren das „Hegeringschießen“ eingeführt, das – theoretisch – ein Pflichtschießen sein soll. Es hat aber keine direkten Konsequenzen, wenn ein Jäger nicht zum Hegeringschießen geht. Und wenn er geht, so muss er keinerlei Schießleistung erbringen – er muss nicht einmal die Scheibe treffen. Mit Schrot muss beim Hegeringschießen überhaupt nicht geschossen werden. Auch wer Jahre hindurch nicht zum Übungsschießen geht, darf „probehalber“ auf lebendes Niederwild schießen!

Nachsatz: Kärnten ist aber im Vergleich zu anderen Gegenden trotzdem immer noch Vorbild. In Deutschland etwa wurde zwar schon vor Jahrzehnten ein Schießnachweis gefordert. Vehemente Gegner eines solchen waren immer die Jagdverbände! Zwar postulieren manche Jägerpräsidenten bis heute, die Fallenjagd sei unverzichtbar, auf den Schießnachweis wird aber sehr wohl verzichtet. Ausgerechnet die als wildfeindlich geltenden Landesforste führten einen solchen zumindest für jene Jäger ein, die an Bewegungsjagden teilnehmen wollen. – Private Forstverwaltungen zogen nach.

Erlebt

Wenn man nicht nur lange genug auf die Jagd ging, sondern auch etliches Wild erlegte, blieben schwer oder gar nicht erklärbare Schusswirkungen nicht aus. Das blieb auch mir nicht erspart. Da gab es in der Gemeindejagd eine kleine Ansitzhütte, der im Winter Fällung und Rückung Wunden geschlagen hatten. Irgendwann im Frühling erbarmten sich Heidi und ich ihrer und gaben ihr mit Spax und Akkuschrauber wieder ein hüttenwürdiges Aussehen. In der Blattzeit saß ich ein paar Male dort, sah mehrfach einen Bock, von dem es hieß, er sei zu jung.

Am 5. September saß ich wieder dort. Auch der Bock kam, stellte sich brettelbreit hin, erhielt die Kugel aufs Blatt und ließ im Abgehen das Gescheide heraushängen. Nicht weit, dreißig oder vierzig Meter nur, ging er schwerfällig ab und tat sich dann nieder. Ich wartete des schwindenden Lichtes wegen nicht allzu lange. Er musste ja verendet sein. Doch als ich aus dem Standl trat, wurde er plötzlich wieder hoch und zog höherer Verjüngung zu. Ein zweiter Schuss, schräg hoch ins Blatt gesetzt, ließ ihn verenden.

Ich wurde nicht schlau aus der Sache, zweifelte an mir, daran, dass der Bock breit gestanden hatte. Aber warum die Bauchdecke geöffnet und warum dann die Leber unverletzt? „Alter Depp, geh halt Karten spielen oder schau dich langsam nach einer letzten Bleibe um …“ So oder ähnlich hätte ich vor ein, zwei Jahrzehnten gedacht, wenn es einen anderen Jäger betroffen hätte.

In der Wildkammer stellte sich dann heraus, dass der Bock drei „Einschüsse“ hatte. Tatsächlich aber gab es nur einen einzigen Einschuss, und der saß auf dem Blatt. Die beiden anderen – ich nenne sie jetzt einfach Löcher – waren kaum mehr als kalibergroße Ausschüsse und saßen knapp nebeneinander ziemlich hoch vor dem Blatt. Dann hatte das Geschoß – oder besser gesagt wahrscheinlich der größere Teil des Geschoßes – im rechten Winkel abgehend das Zwerchfell und die Bauchdecke durchschlagen. Zwei wahrscheinlich kleinere Teile prallten im Wildkörper schräg nach hinten ab und traten auf der Einschussseite wieder aus. Ich weiß, das klingt alles sehr, sehr unwahrscheinlich, aber es war halt so.

Im Nachklang all die weisen Ratschläge, die einer bei solchem Schuss bekommt, wenn er das Maul nicht halten kann: Teilmantel-Rundkopf – fast immer so; dringend eine brauchbare Laborierung anschaffen. 8 x 57? – oh Gott! Einer jener Läufe, die nicht töten; Opa hatte auch einen solchen. Unbedingt das Zielfernrohr wechseln; keines mehr ohne Leuchtpunkt. Logisch – Lauf nicht entölt gewesen! Ich beschloss, mir die Ordensregeln der Trappisten zu besorgen = schweigen!

Ihr Verhalten – Konsequenzen für die Jagd

Gesellschaften

Zwei Verhaltensweisen sind es, die für Rehe typisch sind und die jeder beachten muss, der sie erfolgreich bejagen will. Rehe sind Randbewohner. Sie siedeln bevorzugt an mehr oder weniger dichten Rändern. Das kann ein Waldrand im eigentlichen Sinne sein, der Feld und Wald trennt. Das kann auch ein Rand innerhalb des Waldes sein, etwa der Wechsel von Hiebsfläche oder Jungwuchs in die höhere Dickung oder das Baumholz, also der Wechsel von niedrig zu hoch. Das kann sogar der breite Waldweg oder die Forststraße sein, welche eine Lichtbrücke zwischen zwei Waldteilen bildet. Aber selbst die Windschutzhecke im Feld und erst recht das kleine Feldgehölz erfüllen diese Bedingungen und sind beliebte Aufenthaltsorte der Rehe. Was die Rehe nicht mögen, sind größere, wenig erschlossene und kaum bewirtschaftete Wälder. Daraus resultiert, dass intensive Waldnutzung durchaus positiv zu sehen ist, auch wenn wir Jäger manchmal Probleme damit haben. Die Rehe können ganz gut damit umgehen.

Wer so spezielle Ansprüche an seinen Lebensraum stellt, tut gut daran, sich räumlich zu beschränken. Daher leben Rehe in Streifgebieten, die nur selten größer sind als 30 Hektar, vielfach sind sie kleiner. Das bedeutet, in diesen kleinen Gebieten haben die einzelnen Rehe eine sehr intime Ortskenntnis, die ihnen vielfach das Leben rettet – auch und gerade vor dem menschlichen Jäger. Wer sich aber für ein Leben in einem sehr überschaubaren Bereich entscheidet, tut gut daran, dort möglichst wenige Artgenossen und somit Konkurrenten zu dulden. Daher sind vor

Versteckspiel.

Selbst eine schmale Hecke im Feld genügt den Rehen als Ruheplatz, und Äsung findet sich dort auch. Der Jäger glaubt, jedes Reh in der schmalen Hecke zu sehen; in Wirklichkeit sieht er die meisten nicht.

allem die Böcke in den Frühlings- und Sommermonaten territorial. Das heißt, sie markieren und verteidigen ihre Wohnräume. Für den Jäger ist das absolut praktisch; sieht er während dieser Zeit nämlich einen Bock, darf er davon ausgehen, dass dieser dort bleibt und dass er ihn nur dort und in der engeren Umgebung suchen muss! Viele Jäger sind sich dessen gar nicht bewusst und wandern auf der Suche nach einem nur kurz gesehenen Bock von einem Hochsitz zum anderen.

Wer sich mit anderen seiner Art zusammentun und gemeinsam agieren will – also einen Sprung oder ein Rudel bildet –, der muss auch Kontakt halten können. Das wird umso schwerer, je dichter der Raum ist. Deshalb leben die Rehe im Wald in ganz kleinen Gesellschaften. Bei reinen Feldrehen, die fast überall weite Sicht genießen, ist das völlig anders. Wenn wir im Wald oder im waldnahen Feldbereich einmal mehr Rehe gemeinsam äsen sehen, dann handelt es sich in der Regel um mehrere Familien, die sich auf der Wiese oder dem Acker treffen, ansonsten aber eigene Wege gehen. Auch das ist für den Jäger wichtig zu wissen, weil er es beachten muss, wenn er erfolgreich sein will.

Wer auf den Schutz einer größeren Gemeinschaft verzichtet und sich fast als Einzelkämpfer durchs Leben schlagen will, der darf keine Zeit verlieren, der muss möglichst schnell erwachsen werden. Der muss unter Umständen auch seinen ersten Winter ohne Mutter überstehen. Auch das ist ganz wichtig. Wir wollen zwar weder Kälber noch Kitze im Herbst zu Vollwaisen machen, aber während beim Kalb der Verlust der Mutter zumindest schweres Kümmern, häufiger aber den Tod bedeutet, kommen ansonsten gesunde Kitze recht gut über den Winter.

Geißkitz.

Rehkitze sind Schnellstarter und kommen, wenn sie im Herbst die Mutter verlieren, auch alleine durch einen „normalen“ Winter. Trotzdem ist die Führung durch die Mutter für das Kitz von hohem Wert. Aber es wird ja auch kein normaler Jäger bewusst die Geiß erlegen und das Kitz laufenlassen.

Wer so lebt, wie die Rehe, der hat wenig Interesse an vielen Mitbewohnern, und wer wenig Mitbewohner hat, bekommt schnell Probleme mit der Inzucht. Daher wandern junge Rehe ab. Wie weit sie wandern hängt von mehreren Faktoren ab. Manche lassen sich in der Nähe ihres Geburtsortes nieder, andere finden ihre Heimat fünfzig Kilometer entfernt. Auch das hat jagdpraktische Relevanz. Wir dürfen nämlich sicher sein, dass „unsere" starken, herausgefütterten Kitze wenig Dankbarkeit zeigen und sich lieber irgendwo anders erlegen lassen. Umgekehrt ist ein Teil der sich im Sommer bei uns aufhaltenden Jahrlinge zugewandert. Wer darüber nachdenkt, tut sich bei der Jagd leichter – der will nicht züchten und schon gar nicht „aufarten"!

Raumnutzung

Wir haben soeben gehört, dass die Rehe nur bescheidene Raumansprüche stellen. Je nach Höhenlage, Exposition, Landwirtschaft und Waldgesellschaft kommen sie mit 20 oder auch 30 Hektar problemlos aus, das ist, verglichen mit den Räumen, die andere Schalenwildarten nutzen, nicht viel. Mehr oder weniger intensiv nutzen sie aber nur Teile ihrer Streifgebiete. Oft sind es nur die Ränder größerer Flächen, in denen sich die Rehe regelmäßig aufhalten. Das hat mehrere Gründe. Ist eine Fläche – etwa eine große Fichten-, Kiefern- oder Laubholzdickung – dicht und bodenkahl, findet sich allenfalls an den Rändern noch Äsung. Und nur an den Rändern behalten die Rehe sozusagen den Überblick. Hier erkennen sie Gefahren rechtzeitig – in der Mitte einer solchen Fläche nicht. Das ist der Grund, warum wir jagdlich so oft erfolglos sind; die Rehe erwarten uns schon, wenn wir birschen oder zum Ansitz gehen. *Sie* sehen uns, aber wir nicht sie.

Einen guten Überblick zu haben, ist für Rehe wichtig – überlebenswichtig! Den haben sie nicht nur an den Rändern röße-

Überblick ist überlebenswichtig!

Ganz typisch: Rehe sitzen am liebsten am Rande von Einständen, auf Rücken oder an Hangkanten, weil sie hier einen guten Überblick haben und am besten vor Überraschungen geschützt sind. Die Schmalgeiß im Bild schaut dem Jäger zu, wie er den Hochsitz besteigt.

rer Flächen, sondern beispielsweise auch an Hangkanten oder auf Hangrippen. An der Hangkante mag der Wind unangenehmer sein als in der Mitte eines dahinterliegenden Plateaus. Doch Gefahren erkennt man an der Kante – Sicht nach allen Seiten – früher und besser. Das gilt genauso für Grate und Rippen im Gelände. Auch Waldränder – so ein Streifen von etwa fünfzig Meter – werden gerne angenommen. Im Winter rangieren zum Ruhen ältere Laubholzbestände vor Nadelholz.

Feindvermeidung

Wir Jäger bewegen uns gerne auf der Suche nach Schuldigen. Unser „Hauptwild" bei der Schuldzuweisung sind die Erholung-

Gefahr erkannt,
Gefahr gebannt!

Keine zehn Meter neben der Forststraße und nicht mehr als fünfzehn Meter neben unserem Haus steht stocksteif ein Rehbock und beobachtet uns.

suchenden. Dazu gehören auch jene, die sich in ihrer Freizeit nicht erholen und Kräfte für den Berufsalltag sammeln wollen, sondern sich eher schinden – die Leistungsneurotiker. Die meisten dieser Spezies bewegen sich sozusagen in geordneten Bahnen – also auf Wegen. Mit ihnen haben die Rehe keine allzu großen Probleme; sie sitzen die Störer einfach aus. Ein Problem hat vielleicht der Jäger, weil die Rehe sich später erheben, dann, wenn es zum Schießen zu dunkel ist.

Wie aber ist die Situation, wenn der Erholungsuchende in Gestalt eines Schwammerlsuchers oder Beerenklaubers daherkommt? Dann bewegt er sich nicht mehr erkenn- und kalkulierbar auf den Wegen; er sucht kreuz und quer innerhalb von Waldflächen herum. Er wird den Rehen natürlich unangenehm, versetzt sie in Stress und zwingt sie auch immer wieder zu Ortswechseln. Sie sind angespannt, werden beim Ruhen wie beim Wiederkäuen und beim Äsen gestört. Aber befinden sie sich deswegen – wie wohl die Mehrheit jener Jäger meinte, mit denen ich darüber sprach – ständig auf der Flucht? Lassen sie sich von

Schwammerlsucher & Co. gar aus dem Revier vertreiben? Ganz sicher nicht! Wohin auch sollten sie, Schwammerl und Schwarzbeeren wachsen ja auch in den Nachbarrevieren.

Nein, sie werden nicht bei jeder Störung hoch. Sie lassen den Menschen, den sie rechtzeitig bemerken und im Auge haben, oft wenige Meter an sich vorübergehen. Oder sie verdrücken sich, weichen rechtzeitig etwas aus. Der Jäger mag einmal darüber nachdenken, wie oft schon ein Reh dicht neben ihm hochwurde, das er vorher überhaupt nicht bemerkt hatte. Tatsächlich hielt das Reh nur deshalb so lange aus, weil es ihn frühzeitig bemerkt, beobachtet und gehofft hatte, er werde ihm schon nicht zu nahe kommen.

So wird das Verhalten der Rehe – und besonders ihr Fluchtverhalten – von dem Grundsatz bestimmt: „Gefahr erkannt, Gefahr gebannt"!

Auf den Punkt gebracht

- Rehe ruhen am liebsten dort, wo sie uns frühestmöglich sehen – an Rändern! Das ermöglicht ihnen eine gute Einschätzung der Gefahr und frühzeitiges Reagieren. Es erschwert gleichzeitig die Jagd!
- Gefahren werden nach Möglichkeit ausgesessen; Flucht ist sozusagen nur „Plan B".
- Kleinräumiges Verdrücken steht vor raumgreifender Flucht.
- Flucht wird – wenn irgend möglich – gestückelt. Kurzer Flucht folgt starres Verhoffen. Je häufiger ein Reh „angeschubst" wird, umso kürzer werden – meist – oft die folgenden Fluchtabschnitte.

Lernvermögen

Rotwild gilt im Allgemeinen als „intelligenter" und sensibler als Rehwild. Tatsächlich reagiert es sensibler als Rehe. Es erkennt gefährliche Bereiche und reagiert sehr schnell, indem es diese meidet. Genauso schnell reagiert es auf Jagdruhe. Bei Rehen dauert alles ein wenig länger. Das hat aber nichts mit einem unterschiedlichen Maß an Intelligenz zu tun. Rehe haben einfach weniger Lern- und Kommunikationsmöglichkeit, und sie sind räumlich mehr gebunden als das Rotwild.

Wenn aus einem achtköpfigen Rudel Rotwild ein Kalb erlegt wird, erleben das sieben andere mit. Wenn wir von zwei Rehen eines erlegen, lernt nur ein Reh aus diesem Vorgang. Das Rotwildrudel wird von einem Leittier geführt, das meist das älteste und schon erfahrenste Stück im Rudel ist; es „kommuniziert" den Erlegungsvorgang sicher anders als die zweijährige Rehgeiß, deren Kitz wir erlegt haben.

Das Streifgebiet eines Rotwildrudels ist vielleicht 300 Hektar groß, da lässt sich eine Teilfläche leicht einige Zeit meiden. Bei den Rehen müssen wir zumindest eine Null wegstreichen, da bleibt nicht viel Raum.

Rotwild ist wesentlich größer als Rehwild und kann sich nicht so leicht unsichtbar machen wie Letzteres. Also muss es bei einer Störung anders reagieren. Das alles sind Gründe, die Rehe relativ „dumm" erscheinen lassen. Sie sind es nicht! In der Mehrzahl der mitteleuropäischen Reviere gibt es jedoch deutlich mehr Rehe als Rotwild. Das führt dazu, dass nicht so sehr einzelne Gruppen bestimmte Bereiche vorübergehend oder eben bei Licht meiden, sondern der Rehwildbestand insgesamt an Sichtbarkeit verliert und sein Verhalten mehr oder weniger dauerhaft ändert, weil viele Kleingruppen – zum Beispiel Geiß und Kitz – ähnliche Erfahrungen mit dem Menschen gemacht haben, ihr Verhalten der Gefahr anpassen und sich gegenseitig kopieren.

Geiß, Geißkitz, Bockkitz.

Aus jagdlicher Sicht eine blöde Situation. Denn grundsätzlich ist es sinnvoll, keine oder nur wenig Zeugen zu hinterlassen. Hier geht im Augenblick gar nichts, und auch wenn eines der Rehe etwas zur Seite zieht, wird wahrscheinlich keine Dublette gelingen.

Das führt letztlich dazu, dass wir heute hauptsächlich junge Rehe erlegen, denen es noch an Erfahrung fehlt.

Die Antwort des Jägers auf diese Erkenntnis kann nur sein, möglichst wenig in Erscheinung zu treten und wenn möglich keine oder eben wenig „Zeugen" zu hinterlassen!

Erlebt

Wir haben uns, nach zwei Jahrzehnten, die wir oben im Bergwald leben durften, ein Haus im Tal gekauft. Es steht zwar am Ortsrand, doch grenzt das Grundstück westseitig an die vielbefahrene Hauptstraße und ostseitig an eine Ortsstraße. Auch südseitig, nur zwanzig Meter neben unserer Grundstücksgrenze, gibt es eine Straße. Unser Grundstück ist relativ naturbelassen, hat im Kern eine kleine Wiese und einen Gemüsegarten. Trotzdem „wohnen" bei uns Rehe. Gewiss, nordseitig gibt es eine kleine, gerade so tausend Quadratmeter große Wildnis, ein mit Büschen bewachsener Bauplatz. In der Früh kommt regelmäßig der kleine Hund einer in der Nachbarschaft wohnenden alten Dame zu Besuch. Auch andere Damen, zugezogener wie indigener Art, durchqueren in der Früh mit ihren Vierbeinern unser Grundstück, weil diese auf der Straße oder gar im eigenen Garten keinen krummen Rücken machen sollen …

Die Rehe stört das nicht wirklich. Sie verdrücken sich einfach, und wenn die Luft wieder sauber ist, nehmen sie ihre Tätigkeit als Gourmettester wieder auf. Sie naschen im Frühjahr Krokusse und Tulpen, später Rosen, Erdbeeren und Nelken. Auf der Hauptstraße brettern die zu spät aufgestandenen Zeitgenossen vorbei, und andere streben zu Fuß der Bushaltestelle zu. Die meisten Zeitgenossen sehen „unsere" Rehe gar nicht.

Auf dem Bauplatz nebenan – auf dem hoffentlich nie gebaut wird – hat eine Geiß jedes Jahr ihre Kinderstube. Im vergangenen Jahr brachte sie ein Geiß- und ein Bockkitz zur Welt. Dabei schließt direkt an unser Grundstück der Wald an. Was den Bewuchs des Baugrundstückes betrifft, so hätte ich früher jede Wette gemacht, dass kein sich auf ihm befindliches Reh meinen Augen verbergen könne. Aber dann zieht doch wieder eines auf den Rasen unseres Nachbars oder eben zu uns, ohne dass wir es vorher gesehen hätten.

Septembernachmittag: kurz nach 17 Uhr. Ich fuhr den PC herunter, ging zum Waffenschrank – und sah einen Rehbock mitten im Hof, keine fünf Meter vom Fenster entfernt, der am spärlichen auf dem Schotter wachsenden Grün zupfte. Eine Viertelstunde später hatte ich Rucksack und Gewehr auf dem Buckel, zog das Fahrrad aus der Garage und strampelte ins Revier. Der Bock war noch immer da; er stand stocksteif zwischen den Jungkiefern und fixierte mich, fünf Meter neben dem Haus. Nochmals eine Viertelstunde später: Das Fahrrad war abgestellt, und ich birschte am Fluss entlang meinem Bodensitz zu. Neben mir in der Wildnis aus Fichte, Hasel und Holler schreckte ein Reh; es „raunzte" noch immer vor sich hin, als ich längst im Standl saß.

Der Bock daheim im Hof wusste, dass ihm keine Gefahr drohte. Im Dorf darf ja keiner jagen. Das unbekannte Reh am Fluss wusste hingegen ganz sicher, was es mit Menschen auf sich hat, die in ihrer Fortbewegung einen leicht behinderten Eindruck machen und sich in einem Bodensitz einnisten …

Wann jagen wir?

Jagen nach dem Rehkalender

Sehr brauchbare Hinweise zu einer effizienten, den Zeitaufwand und Jagddruck senkenden Rehwildbejagung gab uns Wulf-Eberhard Müller schon im Jahr 1979. Unter Verwendung der von Hermann Ellenberg in Stammham erstellten Beobachtbarkeits- und Äsungsaktivitätskurve analysierte er den Einfluss von Tageszeit, Wetter und Mondphase auf die Aktivität bzw. Bejagbarkeit der Rehe. Müllers Gedanke war es, zu versuchen, den für Otto Normaljäger verfügbaren Zeitaufwand rationell zu nutzen, das heißt, „... *die Bejagung gezielt auf die jahres- und tageszeitlichen sowie witterungsbedingt unterschiedlichen Verhaltensweisen der Rehe*" abzustellen. Ihm ging es darum, Perioden hoher Aktivität gezielt zur Bejagung zu nutzen. Mit anderen Worten: Nehmen die Äsungsaktivitäten der Rehe zu, müssen sie zwangsweise mehr ziehen, sind häufiger sichtbar und natürlich auch besser bejagbar. Auf die wichtigsten, in größeren Waldrevieren gewonnenen Daten und Erkenntnisse seiner Arbeit sei nachstehend eingegangen.

Die Grafik auf der nächsten Seite zeigt eine ganz hohe Aktivität im Frühjahr, die wir als Jäger nutzen wollen. Die Rehe haben im Winter ihre Reserven aufgebraucht und müssen jetzt viel äsen, dabei sehen wir sie. Böcke verteidigen ihre Reviere, Jahrlinge müssen sich Nischen suchen. Die körperlichen Unterschiede zwischen Geißen und Kitzen/Schmalrehen sind augenfällig. Anfangs begünstigt auch noch die Vegetation die Jagd.

Müller hierzu: „*Jahrlinge und Schmalrehe sind während der gesamten Schusszeit nie mehr so häufig sichtbar wie in den ersten Wochen, etwa bis Anfang Juni, und vor allem nie mehr so einfach anzusprechen. Jetzt treten sie noch bei vollem Tageslicht aus. Die gezielte Bejagung bestätigter territorialer Böcke ist reine Zeitvergeudung. Diese Böcke nur mitnehmen.*"

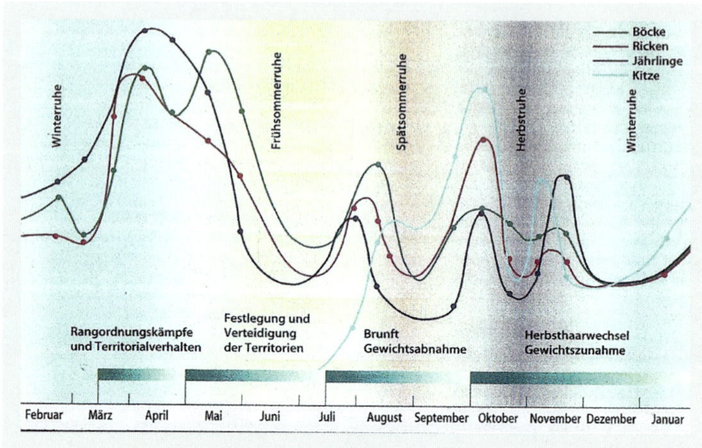

Lebensrhythmus des Rehwildes (nach Ellenberg).
Man sieht deutlich, wie unterschiedlich aktiv Rehe im Jahreslauf sind.

Es folgt eine Zeit geringer Aktivität, in der die Böcke faul sind und die Geißen mit ihren Kitzen nicht auffallen wollen. Der Jäger kennt das – jagdlich läuft nicht mehr sehr viel.

In der Brunft kommt kurzfristig noch einmal etwas Bewegung ins Geschehen, die aber rasch wieder abfällt. Danach sind vor allem die Böcke träge.

Erst im Herbst sind Rehe wieder mehr unterwegs. Ob sie allerdings auch mehr sichtbar sind, hängt von den örtlichen Verhältnissen ab. In manchen Revieren lebt ein Teil der Rehe immer noch (wenig sichtbar) im Mais. Im Wald sind es mitunter fruchtwerfende Eichen und Buchen in den Beständen, die Rehe anziehen und unseren Blicken teilweise entziehen.

Die ersten richtigen Fröste, ebenso der erste Schnee macht die Rehe sichtbar. Sie nutzen jetzt vor allem die Sonnenstunden am Vormittag.

Im Hochwinter wechseln die Rehe in ein physiologisches Tief. Kälte und Schnee zwingen sie, Energie zu sparen. Trotzdem kann der Winter jagdlich interessant sein, weil die Sicht im Wald gut und das Verhalten der Rehe eher einschätzbar ist.

Auf den Punkt gebracht

- Rehwild ist ganzjährig in der Dämmerung und bei Nacht am aktivsten.
- Nur von Mai bis August – mit Schwerpunkt Mai bis Juni – treten bemerkenswert hohe Äsungsaktivitäten bis in den Vormittag auf. Die Jagd ist vergleichsweise leicht, und der Jäger muss sie voll nutzen.
- Ob im September besonders viel geht, hängt stark von den Revier- und Wetterverhältnissen ab. Gut wird es in der Regel mit den ersten Frösten und mit Schneefall. Im November und Dezember verlagert sich die Aktivität der Rehe stark in den Tag hinein, eine Zeit, die von berufstätigen Privatjägern kaum genutzt wird.

Der Schweizer Wildbiologe Fred Kurt meint ergänzend, dass im Mai *„nach dunklen Nächten Rehe häufiger während der Vormittagsstunden zur Äsung austreten als während der Vollmondphasen, in denen sie anscheinend vermehrt nachts auf Nahrungssuche gehen"*. Die Beobachtung, dass Rehe bei zunehmendem oder Vollmond abends erst sehr spät ziehen und in der Früh schon zeitigst einwechseln, werden die meisten Jäger bestätigen. Gerade die Zeit, vom Zunehmen bis zur Völle des Mondes sind häufig auch Gut-Wetter-Phasen, also Tage, an denen zwar besonders intensiv, aber auch mit wenig Erfolg gejagt wird.

Heribert Kalchreuter, einst Direktor des European Wildlife Research Institut und wissenschaftlicher Berater des Deutschen Jagdverbandes, der Landesjagdverbände, der FACE und des CIC, drückte es so aus:

Es gilt, jedes Kitz oder Schmalreh zu erlegen, um den Wildbestand einigermaßen in den Griff zu bekommen. Jedes! Dann sind nämlich immer noch mehr als genug übrig. Denn im Schnitt sieht man nur die Hälfte der vorhandenen, und die sind dann noch längst nicht alle erlegt.

Alternative Zeiten

Die mit Abstand meisten Rehe werden am Abend erlegt, ein kleinerer Teil am Morgen. Untertags sind Rehjäger eher selten aktiv. Dabei sehen wir alle immer wieder Rehe am hellen Vormittag draußen in den Wiesen und Feldern, manchmal auch über Mittag oder am frühen Nachmittag.

Diese zeitliche Konzentration der Jagd auf Rehwild ist schon irgendwie eigenartig. Denn wir wissen doch, dass gerade Rehe ihre tägliche Nahrungsaufnahme stückeln müssen; Äsungsinter-

Jahrlings-Duo.

Bei den Jahrlingen sollte der Jäger nicht zögern. Viele von ihnen verenden ohnehin noch. Eigentlich „passt" jeder. Und es genügt, wenn wir nur bei den außergewöhnlich starken den Finger gerade lassen.

valle wechseln mit Ruheintervallen. Sie können also gar nicht anders, als auch tagsüber aktiv zu sein. Gut, nicht immer äsen sie am Vor- oder Nachmittag sozusagen öffentlich. In vielen Revieren haben sie das auch gar nicht nötig; es wächst einfach in ihren Einständen mehr Äsung, als sie brauchen. Andererseits können sie sich gerade tagsüber in der offenen Landschaft, also im Feld, sicher und von keinem Jäger bedroht bewegen. Der Bauer mit seinem Traktor stört sie überhaupt nicht. Wo wir sie sehen, im Wald oder eher im Feld, das hängt stark von der Struktur unseres Reviers ab.

Des Jägers Probleme wurden schon vorstehend überrissen. Geregelte Arbeit wirkt sich auf die Jagd hinderlich aus. Ist er berufstätig, bleibt ihm für die Jagd am hellen Vor- oder Nachmittag – abgesehen vom Urlaub – eigentlich nur das Wochenende. Das aber ist genau die Zeit, in der auch die meisten Nichtjäger im Revier unterwegs sind. Nun haben Jäger zwar ein Gewehr, aber keineswegs alle sind auch freie Menschen. Viele sind verheiratet und bekommen andere Tätigkeiten aufgetragen. Sie müssen einkaufen, Autos waschen und den Rasen mähen. Am Sonntag werden sie zur Familienpflege und allerlei Freizeitaktivitäten verpflichtet. Bleibt ihnen der Urlaub, in dem sich die familiäre Leibeigenschaft doppelt und meist unüberwindbar bemerkbar macht. Wirklich Freie finden wir vor allem unter den Pensionisten, den Kranken und den Arbeitslosen. Dann aber haben viele ihre jagdliche Sturm- und Drangzeit bereits hinter sich. Überdies stellen sich körperliche Beschwerden und Kraftlosigkeit ein. Sie bleiben am Morgen lieber im Bett und am Vormittag auf der Bank vorm Haus.

Noch ein weiteres Problem gibt es am Wochenende. Je stadtnäher ein Revier liegt, umso weniger erfolgreich ist der Jäger untertags – und teilweise auch am frühen Morgen. Um sechs Uhr in der Früh hecheln am Wochenende die ersten Jogger durchs Revier, und zwischen Frühstück und Abendjause ist die halbe Bevölkerung draußen: Schwammerl- und Beerenklauber,

Rehgeschwister im August.

Vormittags um 11 Uhr: Die Rehe sind unterwegs und äsen, auch wenn wir sie nicht sehen. Sie können gar nicht anders; ihr Verdauungssystem zwingt sie dazu.

Brennholzaktivisten, Neben- und Vollerwerbsbauern, Hundeausführer, Jogger, Radelfahrer, Wanderer …

Daher muss der Jäger gerade in den stadtnahen Revieren bei jeder Schussabgabe doppelt vorsichtig sein, egal welche Jagdart er ausübt. Das bedeutet, er muss häufig auf einen Schuss verzichten, den er in einem stadtfernen Revier bedenkenlos gewagt hätte.

Insgesamt gesehen dürfen wir dennoch feststellen, dass die jagdlichen Chancen in der Früh größer sind als am Abend – egal ob im Feld oder im Wald! Vor allem im Wald lassen sich die Rehe Zeit und bummeln noch lange naschend hin und her.

Erlebt

Es ist die Erinnerung an einen Herrn – nein, an einen Grandseigneur –, den ich sehr mochte und in dessen Diensten ich viele schöne Jahre meines Lebens stehen durfte. Damals, also in der Zeit, in der diese kleine Geschichte spielt, war ich ein junger Mann und er schon älter als ich heute. Seine letzten Lebensjahre waren zumindest wochentags säuberlich eingeteilt, in zwei mehr oder weniger kurze Besuche, die er seinem Büro abstattete. Der erste erfolgte unmittelbar nach dem Frühstück, der einlaufenden Post und auslaufenden Korrespondenz wegen. Der Zweite fand meist am späteren Nachmittag statt, diente schwerpunktmäßig dem Studium der bereitliegenden Tageszeitung. Hinzu kam ein vormittäglicher, vom jeweiligen Wetter ziemlich unabhängiger Waldspaziergang und – nur so vom 16. Mai bis 5. August – der Abendansitz im bescheidenen Revier. Für diese wenigen Abendstunden schien er noch zu leben. Sie waren das Flämmchen, das ihm den eindämmernden Lebensabend noch ein wenig wärmte und erhellte.

Jagdlich anspruchsvoll war er nie und schon gar kein großer Jäger vor dem Herrn, auch nicht in früheren, vitaleren Jahren. Er war kein reisender Jäger, wie die meisten seiner Standesgenossen, und schon gar kein mit dem Scheckbuch durch die Welt birschender Knochensammler wie manch emporgekommener Schießer des Bürgertums in seiner engeren und weiteren Umgebung. Er drängte sich nie in die gemischten Rudel aus Maurergehilfen, Apothekern, Fleischermeister und Bänkern, die sich um ungarische Hirsche und weißrussische Auerhahnen im Sonderangebot rissen, nicht unter Buchhalter und Weinhändler in kanadischen oder afrikanischen Jagdcamps. Nein, er liebte den kleinen Wald, der sein eigener war, schoss, als die Sonne noch im Sommer seines Lebens stand, alljährlich ein halbes Dutzend Rehböcke und gelegentlich eine Geiß; in den letzten, ihm schon recht mühsam gewordenen Jahren waren es nie mehr als zwei, drei Böcke. Dabei befahl er in seiner Jugend über etliche zehntausend Hektar eigener Gründe und für heutige Begriffe unglaublich große Jagden.

Eine Begleitung auf den Hochsitz lehnte er bis zum letzten Birschgang konsequent ab. Er wollte nicht neben einem lodengrünen Vorsager sitzen und auf dessen Geheiß den Finger krümmen. Auch zum Hochsitz ließ er sich erst bringen, als ihm die Beine auf den unebenen Birschsteigen die Kameradschaft aufkündigten.

Nie hat er eine andere Waffe geführt als eine relativ schlichte Ferlacher Bockbüchsflinte im Kaliber 7x57R mit einem bescheidenen vierfachen Zielglas obenauf. Erst wenige Jahre vor seinem Ableben, als ihn auch die Augen zusehends im Stich ließen, gelang es seinem Sohn, ihn zur Montage eines achtfach vergrößernden Zeissglases, mit 56 Millimeter großem Objektiv, zu überreden. Ein paar Male hat er das voluminöse Gerät benutzt, besser gesagt mitgeschleift, dann kehrte er wieder zum alten schlanken Glas zurück. Um niemanden zu kränken, gab er es mir zur Aufbewahrung. Zwar hing die schlanke Ferlacherin fortan mit dem aufgepflanzten Ofenrohr daheim am Kleiderrechen, fuhr man aber abends ins Revier, montierte ich um. Nach dem Ansitz wurde neuerlich gewechselt. Niemand erfuhr davon, und so blieb es bis heute ein kleines Geheimnis, das den alten Herrn postmortal noch liebenswerter macht, als er es ohnehin schon war.

Nur mit dem Treffen war es so eine Sache. In den letzten fünf oder sechs Jahren seines Jägerseins sank die Zahl der abgegebenen Schüsse kontinuierlich, die der Treffer jedoch überproportional. Er sah die Rehe einfach nicht mehr. Und wenn er einen Bock doch sah, dann verschwamm ihm dessen Bild selbst in der größten Optik.

Die Jagd war schwierig geworden, und die ihn umgebenden guten und bösen Geister nahmen vermehrt Anteil an seiner Schwernis. Die Schwelle zum endgültigen Abstieg war überschritten, als in seinem letzten Sommer nach zehn abgegebenen

Schüssen gerade zwei Böcke lagen, davon einer nur nachgesuchterweise. Man müsse dem alten Herrn das Zielfernrohr verstellen, damit er wenigstens ordentlich danebenschieße, riet eine der ihm besonders nahestehenden Seelen; Zeit sei es, ihm das Jagen endgültig abzugewöhnen, orakelte eine andere.

Im Jahr darauf wollte es dem alten Herrn nicht mehr gelingen, einen Bock zu erlegen. Sechs Schuss waren bereits gefallen, ohne Schaden an den bedachten Böcken zu hinterlassen. Jedenfalls flog, es war Juli, wieder einmal eines der siebenmillimetrigen Torpedo-Idealgeschoße unblutig in die Jungfichten – die siebte Fahrkarte. Doch unser Herr wollte es nicht glauben, weigerte sich einfach, einen kompletten Fehlschuss zu akzeptieren. Ich fand zwar am Anschuss rein gar nichts, und mein Wachtel, der Dino, machte, zur Fährte gelegt, ein Gesicht wie ein aus dem Büroschlaf hochgescheuchter Hauptsekretär, aber ich brachte es einfach nicht fertig, dem alten Herrn auch dieses Mal wieder jede Hoffnung zu rauben. Ich legte mich mit meinem Urteil vorsorglich nicht sonderlich fest. Konkretes sei schwer zu sagen, das Licht doch nicht mehr das Beste und die überständigen Gräser und Blumen der Wiese von Mutter Natur schon mit allzu vielen Flecken, Punkten und Pünktchen aus der großen braunroten Farbpalette bespritzt, konstatierte ich, mir damit jede denkbare Lösung offenhaltend. Der Morgen müsse abgewartet werden, schon um eine allfällige Hatz in dunkle Nacht und Ungewissheit zu vermeiden. Also überließ man den Wald versöhnlichem Dunkel und zog heimwärts.

Noch am selben Abend wurde angefragt, ob der alte „Depp“ wieder vorbeigeschossen habe. Damit war es einfach genug – Bagage verschlagene! Sechs Stunden nach dem Telefonat rasselte in der Hütte der Wecker. Ein Schluck Tee, ein Bissen Brot, das Gewehr gegriffen und dem Hund gepfiffen, und hinaus ging es in den nachtschwarzen Wald. Ein Bock musste her, einer, der dem am Vorabend halbwegs ähnlich war, einer, der dem alten Herrn das Jägerherz wieder etwas erleichtern und den Geiferern

Beim Morgenansitz.

das Maul stopfen konnte. So dicht wie in umliegenden Gefilden waren die Rehe in jenem Revier nicht mehr gesät. Man musste mitunter einige Tage sitzen, um einem Bock zu begegnen. Aber jener Morgen stand unter einem ausnahmsweise guten Stern. Kaum dass die dunkelsten Schatten aus den Wiesen in den Wald zurückgekrochen, erkannte ich im Glas weit draußen einen Bock. Der ließ sich Zeit, äste sicher noch eine halbe Stunde im hohen Gras, ehe er langsam näherzog. Es schien der bereits am Vorabend gefehlte Todeskandidat zu sein. Als er auf fünfzig Meter heran war – sicher ist sicher – schoss ich. Die Kugel traf den Bock – unbeabsichtigt – tiefblatt und sorgte für einen kurzen Abgang mit zerrissenem Herzen.

Lange vor der christlichen Frühstückszeit hingen die sterblichen Überreste vom Hirsch des kleinen Mannes, wie der Herr Kreisjägermeister den Jägerprüflingen zuweilen zu sagen pflegte, im Stall des alten Forsthauses an der Balkenwaage. Als unser Grandseigneur gegen halb zehn kurz ins Büro schaute, wartete dort schon die Meldung vom glücklichen Ende der kleinen, am Vorabend übereilt abgebrochenen Nachsuche auf ihn. Vielleicht hat dabei ein wärmender Sonnenstrahl sein schon im Frösteln begriffenes Herz erreicht? Ganz sicher aber war einem kleinen Rudel „alter und jüngerer Deppen" für etliche Tage das Maul gestopft. Noch vor Mittag wurde der inzwischen ausgedampfte Bock besichtigt und für gut befunden.

Ein Morgenansitz war's, und viele andere, an Erleben reiche, durften noch folgen …

Wind und Wetter

Wenn der Wind jagt…

Am Äsungsrhythmus der Rehe ändert das Wetter nicht besonders viel, wohl aber an ihrem Verhalten und an ihrer Sichtbarkeit. Nehmen wir so einen stürmischen Herbsttag, an dem der Wind schon einmal den einen oder anderen morschen Ast auf den Boden wirft. Wildtiere – weder von Fernsehprogrammen noch von iPhones verbogen – spüren die Gefahr solcher Wetterlagen. Sie meiden das Altholz, aber draußen im freien Feld ist es ihnen auch unangenehm.

Das sonst so beliebte Baum- oder Altholz, mit seinen Verjüngungsinseln aus Tanne und Buche verliert – der brechenden Äste wegen – sofort an Attraktivität. In der Verjüngungsfläche sind sie hingegen sicher, und den unangenehmen Wind spüren sie zwischen den Jungfichten nicht ganz so wild wie draußen im Feld. Die sonst eher suboptimale Freifläche gewinnt ungeheuer.

Manchmal hält ein Revier auch Örtlichkeiten bereit, die bei Wind jagdlich auch besonders attraktiv sind. Noch heute, vier Jahrzehnte später, sagt meine Frau an besonders windigen oder gar stürmischen Tagen, wenn ich die Sinnhaftigkeit eines Abendansitzes bezweifle: „Butzaustobel!“ Der Butzaustobel war ein auf der Ostseite des Gebirgszugs gelegener enger Kessel. Die Welt durfte untergehen, dort blieb es verhältnismäßig ruhig. Oberhalb des Kessels schlossen große, aus einer Almaufforstung hervorgegangene Fichtendickungen an. Normalerweise zog das Wild am Abend auf die verbliebenen Almflächen oder begrasten Lagerplätze am Gratweg. Oder es stand ohnehin jenseits des Grates in den Westhängen. Bei Sturm war der Butzaustobel gefragt! Es war ein Revierort, den ich weitgehend für derartige Wetterlagen reserviert hatte, und der bei den relativ wenigen

Nach dem Sturm.

Sturm beginnt bei Windstärke 8. Da werden bereits Zweige abgerissen. Manche Jäger halten dann noch tapfer aus, denn erst so ab Windstärke 10 werden systematisch Bäume entwurzelt.

Allerdings müssen hierbei immer die Bodenverhältnisse und Baumarten berücksichtigt werden. Die Fichte auf Weichboden kann schon viel früher eine Kanzel samt Jäger unter sich begraben!

Auf den Punkt gebracht

- Rehe halten sich bei starkem Wind (ab Windstärke 6) oder Sturm (ab Windstärke 8) gerne auf Verjüngungsflächen auf, die schon etwas Schutz bieten.
- Im Wald werden Jungwuchsflächen (Dickungen und junge Stangenhölzer) bevorzugt, wo sie vor Windwürfen und brechenden Ästen sicher sind.
- Starker Wind erschwert in der Regel die Jagd, Sturm macht sie für den Jäger gefährlich!

Ansitzen selten enttäuschte. Dass er bei starkem Wind über Jahre attraktiv blieb, lag nicht nur an seiner Lage, sondern eben auch daran, dass ich ihn so selten aufsuchte.

Da gibt es auch ein Sprichwort, das sich mit Wind und Jäger beschäftigt: „*Wenn der Wind jagt, dann soll der Jäger daheimbleiben*". Dieses Sprichwort hat, ungeachtet dessen, was ich vorstehend gesagt habe, durchaus seine Berechtigung. Es bezieht sich eben nicht auf irgendwelche Sondersituationen, sondern hält sich ans Allgemeine.

Bei Regen

Manchmal ist es ja ganz sinnvoll, wenn wir versuchen, von unserem Verhalten auf das der Rehe zu schließen, doch immer haut

Rehgeiß im Nachmittagsgewitter.

Der Regen selbst scheint den Rehen weniger unangenehm als die Kombination von Regen und Wind. So ein kurzes Sommergewitter mit heftigem Regen, wie auf dem Bild, bringt ein Reh nicht aus der Fassung.

das auch nicht hin. Der Mensch hält sich, wenn er draußen von einem starken, anhaltenden Regen überrascht wird, lieber in einem Altholz mit vermeintlich schützendem Kronendach auf als auf freier Wiese. Das Ergebnis ist nach nur fünfzehn Minuten so ziemlich dasselbe. Rehe sehen wir hingegen bei starkem Regen immer wieder draußen. Zwar eher selten mitten auf einer Wiese, aber ganz gerne am Rande. Sie drücken sich dann bevorzugt am Trauf herum. Hier mag der Wind wieder eine Rolle spielen, der den nassen Wildkörper auskühlt.

Aber da gibt es noch ein Kriterium – die „Vorgeschichte": Nach Hitzeperioden und anhaltender Trockenheit drängen die Rehe oft regelrecht ins Freie – in den Regen. Sie scheinen ihn angenehm zu finden. Dass viele Jäger hier keine eigene Meinung haben, liegt wohl auch daran, dass sie bei starkem Regen selbst gerne blau machen; sie gehen nicht raus.

Sehr gerne sind die Rehe nach einem heftigen Regen unterwegs. Hat es am Nachmittag oder noch am frühen Abend so richtig gegossen und hört danach auf, dürfen wir fast immer mit Anblick rechnen.

Auf den Punkt gebracht

- Rehe sind bei Regen genauso unterwegs wie bei trockenem Wetter, versuchen aber zusätzlichen starken Wind zu vermeiden.
- In Althölzern und selbst auf Freiflächen scheinen sie sich bei Regen lieber aufzuhalten als in Jungbeständen.
- Nach längeren Trocken- oder Hitzeperioden scheinen Rehe auch Starkregen zu genießen.
- Nach längeren Regenperioden drücken sie sich mitunter lieber an Rändern herum.

Bei Schnee

Fast jeder Jäger lernt, dass sich Rehe während und nach Schneefällen kaum bewegen. Angeblich bleiben sie einfach in ihren Einständen sitzen und warten ab, bis sich der Schnee gesetzt hat. Das mag im Alpenraum, wo es gelegentlich in vierundzwanzig Stunden einen guten Meter Neuschnee hinwerfen kann, durchaus sein. Die Regel ist das nicht. In weiten Teilen Deutschlands und Österreichs finden schon zehn Zentimeter Neuschnee

Auf den Punkt gebracht

- Schnee drückt die krautartige Vegetation auf den Boden, schafft Kontraste und macht die Rehe damit besser sichtbar.
- Schnee reduziert die Flächen, auf denen die Rehe Nahrung finden. Damit wissen wir eher, wo sie sich aufhalten.
- Schnee erhöht das Bedürfnis der Rehe nach Sonne. Das schränkt den Raum ein, den die Rehe nutzen – jagdlich von Vorteil!
- Bei Schneelage lassen sich Anschüsse leichter finden und beurteilen. Nachsuchen werden einfacher.
- Bieten die Felder geeignete Äsung (zum Beispiel Raps oder Wintergetreide), stehen die Rehe gerne draußen.
- Bieten Felder keine Nahrung, halten sich Rehe gerne an sonnigen Bestandsrändern auf, ebenso in Althölzern mit reicher Laubholzverjüngung oder Brombeere.

Nach dem Schneefall – Rehgeiß im lichten Altholz.
Schnee erhöht das Bedürfnis der Rehe nach Sonne. Das schränkt den Raum ein, den sie nutzen – jagdlich von Vorteil!

Beachtung. Selbst wenn es dreißig Zentimeter hinwirft, ist das für das Rehwild noch kein wirkliches Problem. Zwar wird dann das Ziehen schon etwas mühsamer, aber die Rehe bewegen sich bei dieser Schneehöhe durchaus.

Die Frage ist, ob es sich für den Jäger lohnt, bei Schnee, insbesondere bei Neuschnee, auf die Jagd zu gehen? – Es lohnt sich – vorausgesetzt der Jäger sucht sie dort, wo es sich auch für die Rehe lohnt, zu suchen!

Dass der Jäger bei hoher Schneelage die Jagd einstellt und im Tiefschnee keine Bewegungsjagden mehr veranstaltet werden, ist eigentlich selbstverständlich.

Im Nebel

Ein anderes Wetterphänomen, das dem Jäger hin und wieder zu schaffen macht, ist der Nebel. Dem Jäger begegnet es häufiger bei der Gamsjagd, einfach weil im Hochgebirge das Wetter besonders schnell wechselt. Der Nebel macht ihm aber auch in tieferen Lagen zu schaffen, vor allem in den Niederungen und in Flusstälern – nämlich im Winter, wenn er in hellen Nächten auf den Fuchs passt.

Was ist Nebel überhaupt? Als Laie darf ich es so sagen: Es handelt sich um Wolken, die auf dem Boden aufliegen. Manchmal lassen sie den Boden auch frei und schweben knapp über ihm, aber dann interessiert er uns nicht wirklich. Die Wetterfrösche teilen diese Bodenwolken nach ihrer Dichte ein. Das fängt mit leichtem Nebel an, der immer noch eine Sichtweite zwischen 500 und 1.000 Metern ermöglicht. Den Jäger inter-

Begegnung im Nebel.

Urplötzlich steht die Geiß vor uns und hat uns schon entdeckt. Wahrscheinlich wird eine lange Schimpfkanonade die Folge sein.

essiert vorwiegend der starke Nebel, mit einer Sichtweite unter 200 Metern. Das erscheint zunächst viel. Wir müssen aber bedenken, dass Rehe uns bei entsprechender Windrichtung noch auf 200 Meter wittern können. Bei einer Sichtweite von lediglich 100 Metern oder gar weniger laufen wir ihnen sozusagen ins offene Messer. Sie haben unsere Witterung, lange bevor wir sie im Glas haben.

Der Rehwildjäger hat mit dem Nebel weniger Probleme, weil er in der Regel bei Nebel gar nicht ins Revier geht. Nebel tritt aber manchmal nur in Teilen unseres Reviers auf, oder er kommt – besonders im Spätsommer und Frühherbst – erst nach Sonnenuntergang. Wie ein Vorhang legt er sich über die „Bühne", und verschluckt die Rehe, die wir eben noch sahen. Das mag ärgerlich sein, ist aber nicht weiter schlimm, denn wir sitzen ohnehin schon.

Anders ist es, wenn der Nebel schon vor uns da ist und wir dennoch zum Ansitz gehen oder gar ein Stück birschen wollen. Dann besteht immer die Gefahr, dass wir Wild wegtreten, das wir nicht sahen. Die Rehe ziehen nämlich auch bei Nebel, denn der macht sie, im Gegensatz zu uns, nicht „blind". Während wir ausschließlich mit unseren Augen sehen, benutzen Rehe absolut erfolgreich auch Windfang und Lauscher. Beide sind auch an nebelfreien Tagen ihre „Hauptinstrumente".

Nebel kann jedoch, besonders im Herbst, die Jagd auch erleichtern. Da gibt es beispielsweise jene zähen Hochnebel, die zwar den Boden frei lassen, aber auch den Frost unter sich einsperren. Meist lösen sie sich erst am späteren Vormittag auf. Das ist dann sozusagen „die Stunde der Rehe". Kaum ein Jäger ist aber dann jagdlich unterwegs …

Bei Inversionslage (Temperatur-Umkehrschichten) bleibt der Nebel mitunter Tage, ja sogar Wochen hindurch als dicke Schicht in den Tälern liegen. Darüber scheint die Sonne. Während es unten frostig ist, kann es in den Hochlagen spätsommerlich warm sein. Die Rehe stehen dann eher oben.

Auf den Punkt gebracht

- Rehe sind bei Nebel genauso aktiv wie bei klarer Sicht.
- Wenn wir bereits sitzen, ehe der Nebel einfällt, bleiben wir am besten. Vielleicht reißt der Nebel noch einmal auf oder er hebt sich etwas?
- Ist der Nebel jedoch vor uns da, gehen wir am besten wieder heim, lesen Jagdgeschichten oder unterstützen die Winzer.
- Rehe entdecken uns im Nebel leichter und schneller als wir sie.
- Oft erfolgen Begegnungen auf so nahe Entfernung, dass wir nicht reagieren können.
- Wir können nicht feststellen, ob wir mit einem Schuss Wild, Menschen oder Baulichkeiten im Hintergrund gefährden.

Die Sommerhitze

Wenn es im Sommer oft längere Zeit trocken und schwül ist, sind auch die Rehe träge und ziehen am Abend meist spät. Sie sind in der Kühle der Nacht aktiv, ebenso am Vormittag, wenn die Temperaturen noch angenehm sind. Solche Wetterperioden fallen überdies in Zeiten mit geringer Aktivität. Die Böcke sind im Juni und Juli in der Feistzeit. Sie haben ihre Sommerreviere längst bezogen und gehen sich aus dem Weg; sie sitzen herum und sind träge. Die Geißen führen ihre Kitze und sind bemüht, nicht aufzufallen.

Rehgeiß beim Schöpfen.

In trockenen Sommerwochen suchen Rehe, wo sie mit der Äsung nicht genug Feuchtigkeit aufnehmen können, auch offenes Wasser auf, wie hier am Rande eines umschilften Teiches.

Auf den Punkt gebracht

- An schwülheißen Tagen sind Rehe häufig träge, suchen während der heißen Stunden eher kühlere Revierorte wie Bachtäler oder schattige Gräben auf. Sie ruhen tagsüber auch gerne im Getreide, um der ärgsten Insektenplage zu entgehen.
- Sie ziehen am Abend meist spät, wenn es etwas abgekühlt hat.
- Am trägsten zeigen sie sich bei Gewitterstimmung, auch der dann besonders starken Insektenplage wegen.

Genau umgekehrt verhält sich hingegen eine andere, erdgeschichtlich viel jüngere und daher vielleicht noch ein wenig patscherte Spezies – der Mensch. Der nutzt die langen Abende, wird hochaktiv, sobald die Schwüle auch nur etwas nachlässt. Er läuft, joggt, reitet und radelt genau dann, wenn der Jäger auch draußen ist, und die Rehe warten, bis der letzte Störer endlich am Horizont verschwindet. Dann ist es meist schon dunkel. In der Konsequenz heißt das, in den heißen Sommerwochen setzen wir uns am Abend besser irgendwo im Wald an als draußen am Waldrand oder im Feld. Wenn es uns das menschliche Miteinander gestattet, ist es noch besser, uns in diesen Wochen vorzugsweise der Familienpflege zu widmen; wir versäumen wenig!

Die hellen Nächte

Der Mond hält mit Esoterikbüchern darbende Verlage am Leben, füllt Sendezeiten und lässt manchmal außereheliche Beziehungen in die Brüche gehen. Also wird er doch auch auf die Jagd Einfluss nehmen. Er nimmt!

Zwar ändert sich am Wechsel von Äsungs- sowie Ruhe- und Wiederkäu-Perioden grundsätzlich nichts. Doch der Mond verschiebt sie manchmal. Ich glaube, es ist nicht übertrieben zu sagen, dass die Rehe bei abnehmendem Mond in der Früh gerne etwas zeitiger einziehen. Ist ja auch irgendwie nachvollziehbar. Es war die ganze Nacht hell, die Nahrungsaufnahme war leichter als in dunklen Nächten, und der spät untergehende Mond gaukelt ihnen den Tagesanbruch vor. Sie ruhen und wiederkäuen vielleicht eine Stunde früher als sonst, aber sie werden auch früher wieder hoch. Doch ist der Jäger, der nur lebt, um zu arbeiten, jenem haushoch unterlegen, der nur arbeitet, um zu leben. Wenn die Rehe zur Vormittagsschicht antreten, verausgaben sich die Leistungsgesellschaftler bereits, um die nächste Jagdpacht zu bezahlen…

Auf dem Wechsel zum Tageseinstand.
In hellen Nächten ziehen Rehe am Abend oft spät aus und am Morgen früh ein.

Also trotzdem vormerken und am nächsten Samstag etwas später zum Frühansitz gehen. So gegen acht Uhr reicht es auch noch und erspart dem Ehemann am Vormittag das lästige Mithatschen in den Supermarkt.

Am Abend sind die Verhältnisse im Prinzip umgekehrt. Haben wir zunehmenden Mond, will es einfach nicht richtig dunkel werden. Die Rehe ziehen dann oft spät, was sich ausgeht, weil es die ganze Nacht hell ist. Doch in der Früh wird es – je nach Jahreszeit – noch einmal dunkel, ehe die Sonne aufgeht. Da fühlen sich die Rehe sicher und zeigen wenig Eile.

Auf den Punkt gebracht

- An den Tagen vor Vollmond (der Mond erscheint dann schon sehr früh) ziehen die Rehe am Abend manchmal spät aus, weil es nicht so dunkel wird wie sonst.
- Nach Vollmondnächten ziehen die Rehe in der Früh hingegen eher zeitig ein; sie konnten die ganze Nacht äsen, und die Mondnacht geht nahtlos in den Tag über.

Gewitter

Rehe sind manchmal erstaunlich gewitterfest. Donner und Blitz versetzen sie keineswegs in Panik. Oft habe ich erlebt, dass sie trotz Gewitter und einsetzendem Regen einfach weiterästen. Anders, wenn mit dem Gewitter heftiger Wind einsetzt, dann suchen sie häufig im Wald Schutz. Jagdlich spielt ihr Verhalten bei Gewitter ohnehin keine große Rolle, weil jeder vernünftige Jäger schneller die Bühne räumt als das Wild.

Viel unangenehmer scheint ihnen die Situation *vor* einem Gewitter zu sein. Dann, wenn es für uns fast unerträglich schwül ist, wenn die Luft steht, sich kein Lüftchen rührt und die Insekten uns zur Verzweiflung bringen. Bei solcher Stimmung kann der Jäger auf den Abendansitz meist verzichten.

Nachmittagsgewitter wirken sich hingegen oft positiv aus, nämlich dann, wenn sie früh genug weiterziehen. Dann drängen die Rehe mitunter regelrecht aus dem Wald heraus. Sie sind wischelnass und genießen die Abendsonne.

Sechser im Haarwechsel.
Das Gewitter ist vorüber, jetzt geht es wieder hinaus auf die Wiese.

Sonne tanken

Rehe mögen Sonne immer, ganz besonders aber, wenn es kühl oder gar richtig kalt ist. Das kann mitten im Sommer nach einer kühlen oder in höheren Lagen sogar richtig kalten Nacht sein, vor allem aber im Winter. In der Nacht klirrend kalt, die Rehe leben im Sparmodus und bewegen sich dabei möglichst wenig; da wird ihnen nicht sonderlich warm. In der Früh tun sie sich vielleicht nieder oder stehen träge herum. Doch dann zieht die Sonne über den Wald, und innerhalb von Minuten steigt die Lufttemperatur unmittelbar auf der braunen Winterdecke aus dem tiefen Minusbereich auf deutlich über null. Welches Reh soll darauf keine Lust haben? Alle suchen sie die Wärme! Sie richten sich darauf ein.

Im Dezember findet der Frühansitz zu einer Zeit statt, in der wir im Sommer schon gefrühstückt und die Wildkammer geputzt haben. An Sonnentagen ist es sinnvoll, ihn noch etwas später anzusetzen. Die Rehe sind – je nach Revierverhältnissen –

Auf den Punkt gebracht

- In besonders kalten Nächten sind Rehe weniger aktiv als in weniger kalten Nächten. Sie ruhen mehr und verringern damit ihre Körperoberfläche und somit die Wärmeabstrahlung.
- Nach solchen Nächten müssen Rehe äsen und Wärme tanken. Daher sind sie verstärkt unterwegs und bevorzugen sonnige Bereiche.
- Im hügeligen oder gebirgigen Gelände sind das die oberen, eher ost- und südexponierten Lagen, die von der Sonne früher erreicht werden, und von denen der Frost abfließen kann.

jetzt auch nicht übermäßig mobil. Sie halten sich dort auf, wo sie ungestört äsen und Sonne tanken können und wo möglichst kein Wind geht. Jetzt wissen wir schon ungefähr, wo wir ihnen begegnen können.

Es müssen aber gar nicht immer Kultur- oder Jungwuchsflächen sein, welche die Rehe aufsuchen. Auch lockere Althölzer, bevorzugt leicht südexponiert und vor allem mit reichlich Brombeeren, werden gerne aufgesucht. Besonders beliebt sind die Randbereiche solcher Althölzer. Dort dringt nicht nur am meisten Sonne ein, dort wächst auch die Brombeere besonders üppig. Wir müssen uns einfach die kleine und angenehme Mühe machen, uns bei Schnee im Revier umzuschauen. Das sind so die Aufgaben am Sonntagnachmittag, überschrieben mit der leicht tendenziösen Bezeichnung „Familienpflege". Aber genau das ist ja heute ein zentrales jagdliches Problem: Der Jäger kennt sein Revier fast nur noch aus dem SUV heraus oder vom Hochsitz herunter. Der Rest erscheint ihm irrational und lästig.

Wenn wir uns an solchen Flächen eine Ansitzeinrichtung schaffen, sollten wir nicht nur darauf achten, diese störungsarm zu erreichen. Auch ein gewisser Komfort – Sonnenheizung – ist wichtig. Man hält es in der Sonne leichter und länger aus als im Schatten; einfach die Rehe kopieren. Noch etwas: Die Sonne zieht unsere Witterung nach oben!

Aufwärmen.
Die Nacht war kühl, und jetzt genießt die Geiß am Waldrand die Sonne.

Erlebt

Später August. Etliche Tage und Nächte hindurch hatte es schon geregnet, unterbrochen nur von kurzen, trügerischen Pausen. Der Gießbach trat schon in der zweiten Nacht über die Ufer, füllte die wenigen sonst meist trockenen Schlingen seines alten, unregulierten Betts. Die Wiesen bekamen polnische Gesichter, erinnerten mehr an Weichselniederung als an Voralpenland. Schwäne schwammen, wo Tage zuvor noch Jungvieh graste, Stockenten gründelten zwischen Grünkohl und Salat.

Drei Tage hatte ich meinen Bau, das alte Forsthaus im Gießwald, nicht mehr verlassen, schrieb geduldig vor mich hin, fütterte Hühner und sammelte ihre Eier ein. Doch dann ging es irgendwann nicht mehr. Beim Mittagessen die erste Hoffnung: Radio Vorarlberg verkündete ein Nachlassen der Regenfälle am Abend und eine klare Nacht. Der Bayerische Rundfunk verlas Ähnliches – wahrscheinlich der eingereichte Wunsch-Wetterbericht der Tourismuswirtschaft. Nur der Schweizer drohte mit einem Anhalten der Regenfälle. Das war ungut, weil jeder, der im Ländle oder drum herum lebt, weiß, dass der „Schweizer" – was das Wetter betrifft – der einzige Sender ist, auf den man sich dort draußen verlassen kann.

Fast sah es so aus, als hätte es der Schweizer erstmals in seiner Geschichte nicht getroffen. Am Nachmittag hörte der Regen auf, und etliche Minuten lang lag auf der anderen Talseite ein Sonnenfleck in den Wiesen. Passt!

Gegen sechs nahm ich das Gewehr aus dem Kasten und pfiff dem „Dino". Meine Frau, im Gegensatz zu mir ein positiv denkender Mensch, zwängte mir den Wetterfleck auf. Wetterfleck – wozu Wetterfleck, jetzt wo die sonst für einen langen Sommer samt Herbst gedachte Regenmenge sich über Bäche und Gräben, Lehm, Holz und Zivilisation mitführend, dem nahen Bodensee zuwälzte … Wie so oft beugte ich mich der Gewalt. „Viel Glück", wünschte mir die Heidi, weil sie mitbekommen hatte, dass

„Weidmannsheil“ in einem geordneten Jagdbetrieb auch jenen Gästen gewünscht wird, denen ein solches eigentlich gar nicht zugedacht war …

Keine fünf Minuten hatte ich das Forsthaus hinter mir, da begann es, erst zaghaft und dann immer heftiger werdend, zu regnen. Der Wetterfleck! Wohin? Am besten einfach wieder zurück – Hühner füttern, Eier absammeln … Überdachter Hochsitz? Irgendwo am Waldrand? Rehe im Starkregen in wischelnassen Wiesen?

Frust! Unschlüssig verzog ich mich in Raischmanns Holz. Der Gucker unterm Wetterfleck ziemlich sinnlos, weil ständig beschlagen. Nahm man ihn vor die Augen, bekam er jedes Mal eine Vollwäsche. Wetterfleck längst zum Schwamm geworden. Hose trotz Gummistiefel und trotz Wetterfleck bis zum Gürtel ein nasser Fetzen. Ich birschte der Hangkante entlang durchs lockere Baumholz, ständig Hollerboschen und Brombeerbeeten ausweichend. Die Hoffnung längst verloren, aber immerhin mit gutem Blick auf das Plateau unter mir. Manchmal blieb ich stehen, betrachtete, auf den Gucker verzichtend, den Wald. Bei einem solchen Haberl blieben die Augen an einem hellen Fleck unter etlichen dicht beieinanderstehenden Jungtannen hängen.

Was, wenn Radio Vorarlberg mit seinem Wetterbericht nicht wieder einmal so danebengelegen hätte? Keine fünf Pferde hätten mich aus dem vertrauten Bau am Gießbach gezogen. Und die Moral aus der Geschichte? Vergiss, was weiter vorn geschrieben wurde; ob trocken heiß oder wischelnass, die Rehe sind allemal da!

Wollen wir oder wollen wir nicht?

Viele Jäger auf der Fläche

Gerade in Österreich, wo in den meisten Bundesländern ein Großteil der Gemeinschaftsjagden an Vereine oder eben Jagdgesellschaften verpachtet sind, dominiert oft die Altersgruppe „Sechzig plus". Theoretisch könnten diese Jäger dann jagen, wenn es am meisten Sinn macht, also auch am frühen Morgen. Aber sie haben ein langes, meist an körperlichem Verschleiß reiches Arbeitsleben hinter sich, und das früher lodernde Feuer jagdlicher Passion gleicht eher einem sich gegen das endgültige Erlöschen wehrenden Gluthäufchen. Sie haben in den Jagdvereinen Autorität, vielfach auch schlicht das Sagen, sind aber noch häufiger Vertreter längst überholter jagdlicher Anschauungen. Sie kommen aus einer Jägerwelt, in der es Ehrensache war, weibliches Wild und Kitze weitgehend zu schonen. Und wenn sie schossen, dann waren sie bemüht, zu selektieren.

Sie haben mit den Forderungen, die heute an die Jagd gestellt werden, und erst recht mit den Bedingungen, innerhalb derer sie sich bewegt, ihre Probleme. Sie wollen – so verstehen es viele von ihnen – bewahren, nicht zerstören. Und wenn man darüber nachdenkt, in welche Richtung sich die Jagd in Ausbildung und Praxis in den letzten Jahrzehnten kontinuierlich entwickelt hat, dann muss man sie zumindest teilweise verstehen.

Gelernt wird längst schon nicht mehr für ein langes Jägerleben, eher zielgerichtet und höchst rational für die Prüfung. Es geht fast nur noch um das Auswendiglernen, nicht um das Verstehen. Den Prüfern, die der Ausbilder kennt, das zu sagen, was sie hören wollen, darauf vertrauen, dass auch sie in dem verharren, was sie einmal gelernt und akzeptiert haben. Nur so ist es möglich, zu einem entsprechenden Preis, innerhalb dreier

Wochen Jäger zu werden, ohne jede Verpflichtung einer späteren Weiterbildung. Genau das sind die Bedingungen, unter denen das Jägerhandwerk, das sehr viel mit aus Erleben gewonnenem Gefühl zu tun hat, durch Technik und eine gewisse Erlebniskälte ersetzt wird.

Die „jagdlichen Neuankömmlinge“ – der Begriff „Jungjäger“ charakterisiert sie nicht wirklich – erfahren neben dem rein faktischen Wissen, oder dem, was als solches vermittelt wird, landauf und landab, dass es neben den hegenden Jägern eben auch jene geben soll, die das Schalenwild und insbesondere die Rehe vor allem dezimieren bis ausrotten wollen: die Förster! In dieser Frontstellung – bei der die Jagd nur verlieren kann – finden sie sich mit ihrer ersten Jagdkarte in der Tasche.

Wie Jagddruck vermindert wird	
Jäger pro Fläche	Im Waldrevier zumindest 100 Hektar pro Jäger; in gemischten Revieren mit „rehwildtauglichem“ Feldanteil zumindest 50 Hektar Wald pro Jäger. Die Rehe unterscheiden nicht zwischen jenen Jägern, die Rehwild bejagen und jenen, die nur Füchse schießen dürfen…
Wer jagt wo?	a) Jeder kann überall jagen, außer in vereinbarten Ruhebereichen (wird mehrheitlich angestrebt, bringt meist die schlechtesten Ergebnisse). b) Einteilung in Birschbezirke (wer mit Hirn jagt, hat Erfolg, der andere nicht).
Jagdleitung	Eine gute Jagdleitung kümmert sich weniger um „Fehlabschüsse“ als um jagdliche Ruhezeiten und jagdlich beruhigte Gebiete und ggf. um eine Koordination der Jagd.

Rehwildstrecke.

Gerade dort, wo Reviere an Jagdgesellschaften oder Jagdvereine verpachtet sind, haben viele Jäger kaum Interesse am Abschuss von weiblichem Rehwild. Nicht jeder Jäger schießt alljährlich ein Stück Schalenwild. Die Mehrzahl begnügt sich mit dem Küchenbedarf. Ein eher kleiner Teil der Jäger erbringt den Löwenanteil der Strecke.

Oft werden Jungjäger oder Neumitglieder ja schon durch das ewige Gejammere der „Alten", es sei kaum noch Rehwild zu sehen, ausgebremst. Das sind Signale, die hören und verstehen muss, wer dabeibleiben will! Wer in einer Gemeinschaftsjagd (Gemeindejagd, Genossenschaftsjagd) scheitert, hat es schwer, in einer anderen wieder Anschluss, geschweige denn jagdliche und wildbiologisch sinnvolle Freiheiten zu finden. Je mehr Jäger gemeinsam eine bestimmte Fläche bejagen, umso mehr fühlen sich bemüßigt, als Bremser und Kontrolleure aufzutreten.

Da wurde beispielsweise in Kärnten, nach mehr als zwei Jahrzehnten der erfolglosen Forderung, bei den Rehböcken die sogenannte Zweierteilung eingeführt. Es gibt also nur noch Jährlinge und Mehrjährige. Absolut sinnvoll und längst überfällig. Aber auch heute noch, Jahre nach dieser Vereinfachung, gibt es konservativ geführte Jagdgesellschaften, die ihre Mitglieder verpflichten, nach der alten Rehwildrichtlinie mit ihrer Unterteilung in zahlreiche Klassen zu jagen. So werden die hohen Rehwildbestände – die man natürlich keineswegs als hoch anschaut – erhalten.

Mancherorts, und das bezieht sich jetzt keineswegs nur auf Kärnten und gilt für Reviere mit Einzelpächtern ebenso wie für Jagdgesellschaften, werden immer noch schwer erfüllbare Vorgaben gemacht, mit denen Jäger ausgebremst werden. Da mag dem Jagdleiter, Obmann oder Pächter das Gewicht eines erlegten Rehs zu hoch sein, oder es gibt andere Beschränkungen, wie die Schonung von weiblichen oder männlichen Kitzen usw. Das alles war früher auch in den Landes- und Bundesforsten so, in Deutschland wie in Österreich. Noch in den 1970er-Jahren führten „Fehlabschüsse", besonders solche männlicher Rehe, bei deutschen Forstbediensteten nicht selten zu temporären Karriereknicks. Da wurden weit schwerwiegendere forstliche Fehler oft leichter weggesteckt! Wer in einem solchen Klima jagdlich groß wurde, tut sich in späteren Jahren mitunter verdammt schwer umzudenken.

Wildbiologisch Unsinniges

Häufig werden Jäger bereits im Frühjahr ausgebremst, weil schon die halblauscherhohen Spießer von ihren Mitjägern als außergewöhnlich „stark" bezeichnet werden. Der Jäger mag sich nur dem Jagdgesetz und der wildbiologischen Vernunft verpflichtet fühlen und schießen. Doch damit manövriert er sich in seiner Jagdgesellschaft oder bei seinen Pächtern vielfach ins Abseits.

Jungjäger – sie sind die Zukunft der Jagd! – werden auf die Erlegung von Knopfböcken und schwachen Schmalrehen oder Kitzen beschränkt. Wenn sie nicht kuschen, bleiben sie ewig „Jungjäger". Also kuschen sie. Genau so macht man aus Zukunft Hoffnungslosigkeit!

Dann gibt es noch jene Reviere, in denen sich der hohe Rehwildbestand in hohen Fallwildzahlen spiegelt. Aber wie wird auf hohe Fallwildverluste reagiert? Keineswegs immer, aber doch viel zu oft mit – gesetzwidriger – Verweigerung bei der Abschuss-

Wolfsriss.
Der Lebensraum begrenzt die Zahl der Rehe. Was wir Jäger nicht ernten, übernehmen andere „Jäger" wie Krankheiten, Alterstod, Autos oder – wie in diesem Fall – der Wolf.

erfüllung und der unsinnigen Behauptung, es sei fast kein Rehwild mehr da. Da muss die Frage erlaubt sein, wo beispielsweise Jahr für Jahr das Straßenfallwild herkommt, wenn es längst fast kein Rehwild mehr gibt? Werden fallwildreiche Reviere von den Rehen gar als eine Art Friedwald angesehen, den man von weit her aufsucht, um in Frieden zu ruhen?

Wie sehr Emotionen, wenn es ums Rehwild geht, nüchternes Nachdenken verhindern, zeigte sich im Januar 2017 wieder einmal in Bayern. In einem nur 150 Hektar großen Staatsjagdrevier wurden bei einer zweistündigen Drückjagd, an der 25 Schützen beteiligt waren, 61 Rehe erlegt. Das entsprach dem, was der für jeweils drei Jahre aufgestellte Abschussplan vorsah. Was eigentlich zum Nachdenken bei allen Jägern – auch und gerade bei jenen der Nachbarreviere – wie der Behörden hätte führen müssen, geriet zum Politikum und schließlich zu Strafanzeigen gegen alle an der Jagd beteiligten Jäger. Der kollektive Jagdneid feierte Triumphe.

Ohne auf die Umstände dieser Drückjagd näher einzugehen, zeigte die Strecke doch, dass die Rehwilddichte ganz gewaltig unterschätzt wurde. Einmal mehr wurde deutlich, dass wir einfach nicht in der Lage sind, Rehe zahlenmäßig zu erfassen und an einer regulierenden Jagd offenbar dort auch gar kein Interesse bestand. Doch wieder einmal wurde die Forstverwaltung als eine Organisation dargestellt, die sich die Ausrottung der Rehe auf die Fahnen geschrieben hat.

Gen-Geschwafel

Gute und schlechte Vererber spuken noch immer in vielen Jägerköpfen. Vergessen wird, dass das unterschiedliche Aussehen der Rehe in erster Linie von ihrer Umwelt bestimmt wird und nicht von Genen. Natürlich sagen Gene, wie Rehe grundsätzlich aussehen. Diese sichern dem Körper jene Gestalt, die im Laufe der Evolution durch Umweltbedingungen – Klima, Nahrung und Feinde – entstand. So sorgten schnelle Feinde für die langen Beine des Rehs. Die Feinde in ihrer Gesamtheit selektierten Rehe mit unterentwickeltem Geruchs- und Hörsinn heraus und sorgten somit auch für lange Gesichtsschädel, in denen besonders viele Riechzellen Platz fanden, und für große, bewegliche Ohren. Die vegetarische Nahrung machte das Reh zum Fluchttier mit seitlich am Gesichtsschädel sitzenden Augen.

Gene mögen für die Stellung der Geweihstangen primär verantwortlich sein, aber Volumen und Gewicht eines Geweihs werden von der Umwelt bestimmt – von Nahrung und Stressfaktor. Gene mutieren gelegentlich, doch die wenigsten Mutationen setzen sich durch. Doch langfristig verändern sich auch die Gene, sie manifestieren umweltbedingte Anpassungen.

Groß und klein ist nicht stark und schwach

Jäger selektieren bevorzugt kleine Rehe aus und setzen sie gleich mit „schwach". In Wirklichkeit handelt es sich dabei aber um ganz unterschiedliche Dinge. Ein kleines Reh kann durchaus stark sein – im Sinne von gesund und überlebensfähig. Ein großes Reh aber kann dem Tod nahe sein. Äußerliche – jagdrelevante –

Dezemberrehe.

Wer ist hier schwächer und wer stärker? Wer hat die besseren Gene? – Jede Menge Chancen, uns lächerlich zu machen!

Merkmale sind hingegen eine ruppige Decke, Abmagerung, ungewöhnliches Verhalten oder sichtbare Verletzungen. Innerliche Probleme und Veränderungen – etwa starker Parasitenbefall, Krebs oder Entzündungen – erkennen wir beim lebenden Wild eher selten.

Es ist logisch und richtig, negativ auffällige Rehe bevorzugt zu erlegen, aber wer gesund erscheinende Rehe schont und stattdessen auf kranke oder schwache wartet, wird nie auf einen Abschuss kommen, der in einem angemessenen Verhältnis zum vorhandenen Rehwildbestand steht! Er wird damit eher mehr „Schwache und Kranke" produzieren als tilgen.

Es spricht nichts dagegen, bei Wahlmöglichkeit kleinere oder optisch schwächere Rehe bevorzugt zu erlegen. Es ist aber kontraproduktiv, auf solche Rehe zu warten und dabei stärker erscheinende Rehe zu schonen.

Kollektive Erwartungen

Das Wollen oder Nichtwollen ist auch keine nur auf der Revierebene aktuelle Frage. Gar nicht selten werden in einem Revier sogar mehr Rehe erlegt als verbucht, weil man es sich bei Reviernachbarn und Funktionären nicht verscherzen will. Man weiß zwar, was für den Lebensraum der Rehe und deren Wohlbefinden notwendig ist, aber man ist überzeugt, dass dies nicht alle interessiert oder dass es einfach nicht überall begriffen wird.

Reiche „Ernte" hinterlässt aber häufig auch bei der Neuverpachtung eines Reviers ihre Spuren. Die Verpächter lecken Blut, wollen einen höheren Pachtschilling. Und überdies steigt die Konkurrenz innerhalb der Jägerschaft. Reviere, in denen nachhaltig viele Rehe erlegt werden, sind auch bei jenen begehrt, die selbst lieber schonen, statt zu schießen. Eigentlich müssten Verpächter jene Jäger finanziell begünstigen, die wald- und wildgerecht jagen, und sie nicht dafür bestrafen. Das setzt voraus, dass sie selbst begriffen haben, um was es geht!

Ein fängischer Morgen.

Erlebt

Einladung auf einen Rehbock. Sie kam überraschend, und obwohl ich nirgends lieber war als im eigenen Revier, sagte ich zu. Es war ja auch nicht allzu weit, halt so eine halbe Stunde mit dem Auto. Die Mehrheit der Jäger fährt ins eigene Revier schon länger; man denke nur an jene, die in Wien, München oder einem ähnlich grauenhaften Ort wohnen. Da kann schon das Finden des Parkplatzes oder der eigenen Garage eine halbe Stunde dauern. Dann noch die Fahrt über die verstopfte Südtangente oder über den Mittleren Ring…

Nein, solche Probleme hatte ich in Verbindung mit dieser Einladung nicht. Also nahm ich an und fuhr. Zur Einstimmung Grüner Veltliner und auf dem iPhone die Bilder der vom Gastgeber bereits erlegten Böcke. Dann fuhren wir bergwärts. Wirklich schönes Revier, nicht gerade alpin aber – ohne Allrad – durchaus die Transpiration fördernd…

Wir ließen den Allrad stehen und marschierten noch ehrliche dreißig Meter weiter zu einer schön in eine Buche integrierten offenen Kanzel, direkt neben einer Rehfütterung. Im Trögerl Hafer – vom letzten Winter. Daneben ein Salzstock. Wir saßen eine knappe Stunde, baumten ab und fuhren zum nächsten Sitz. Landschaftlich superb. Baulich ohne Beanstandung. Sicht auf den Gegenhang. Entfernungsangaben auf einem Brett gut lesbar eingebrannt. Hervorragend. Wir saßen eine knappe halbe Stunde, baumten ab und fuhren weiter. Als letzte Station ein wunderschön gelegener Bodensitz. Wieder ein Fußmarsch von guten dreißig Metern. Licht wurde schon weniger. Rot überhauchter Westhimmel zwischen Nachbarbergen hindurch. Geflüsterte Traktate über Hege und Hegeabschuss, über Raesfeld und Göring, über exzellente Futtermischungen zur Hörndelbildung…

Und dann geschah, was ich nicht mehr erhofft hatte. Auf einer Schneise, fünfzig Meter unter uns, stand an einem Salz-

„Ma, is der gut!"

stock ein Reh. Noch reichte das Licht zum halbwegs sicheren Ansprechen gerade so aus: Jahrling, Spießer, kaum halb lauscherhoch.

Ein Monolog entwickelte sich:

„A Reh, sigst es?

Am Salzstock.

Jahrling.

Mei is der gut!

Na, des war a Todsünd!"

Mein Gastgeber erhob sich, repetierte fünf Patronen aus seinem Repetierer und sprach's: „Komm, geh ma!"

Wir fuhren talwärts, Richtung Dorf, parkten vorm „Blutigen Ochsen" und bestellten Blaufränkisch und warteten auf andere Hubertusjünger, einen Förster, der keinen schlechten Anblick, gleichwohl nichts erlegt hatte. Zwei Ausgeher, die beide ebenfalls guten Anblick, aber nichts erlegt hatten. Zum Schluss kam noch der Pächter einer kleinen Eigenjagd, der ebenfalls reichen

Anblick, aber seinen Abschuss schon erfüllt hatte. Sie alle tranken Blaufränkisch, nur beim Jausnen ergaben sich signifikante Unterschiede.

Ich musste sitzen bleiben, bis deutlich nach Mitternacht, konnte zuhörend meine Kenntnisse über Wald und Wild und Weidwerk beträchtlich erweitern und nach fünf Achterln und vielen vorhergegangenen gescheiterten Fluchtversuchen meine Bedenken wegen sicherer Heimfahrt ausbauen. „Geh, scheiß di nix, wonn's dich onhalten, sogst wo d' worst."

Drei Monate später: Besuch eines guten Freundes bei uns. Wir saßen im Büro, ratschten noch ein wenig, dachten an die Zweigelt produzierenden Winzer. Ein Erlebnis wollte mir der Freund noch erzählen. Auch er war auf einen Rehbock eingeladen, im selben Revier wie ich. Auch er hatte viele Hochsitze kennenlernen und Hegeempfehlungen erfahren dürfen. Auch ihn, den traditionellen Weißweintrinker, hat der Blaufränkisch in Besitz genommen, und auch er durfte einen Jahrling anschauen – aus einem Bodensitz heraus.

„Ma is der gut!"

Es hat sich draußen viel verändert

Frustration gratis

Viele Jäger sind frustriert, weil sie keine Rehe mehr sehen. Sehr viele sind auch überzeugt, dass es bei ihnen einfach keine Rehe mehr gibt. An die tiefgreifenden Veränderungen im Lebensraum wird eher wenig gedacht, und manchmal sind diese auch gar nicht besonders auffällig. Da sind beispielsweise die Wiesen, auf denen früher besonders im Frühling und Frühsommer verlässlich Rehe standen. Diese Wiesen sind immer noch grün, nur Rehe sieht man kaum noch. Das ist auch hier im unteren Gailtal so, wo ich jetzt wohne. Dabei sind keineswegs alle Wiesen „rehfrei" geworden. Auf manchen Wiesen sieht man doch noch etliche.

Wichtig wäre, dass sich der Jäger einmal darüber klar wird, was Rehe überhaupt äsen. „Gras" spielt dabei keine große Rolle. Aber in artenreichen Wiesen – die immer weniger werden – finden sie zahlreiche von ihnen gerne genommene Kräuter. Diese Wiesen kommen auch in den Blühzustand, und dann sind auch etliche Gräser für Rehe interessant.

Intensivere Bewirtschaftung und Konsequenzen

Was hat sich verändert? Um das zu erkennen, müssen wir ein paar Jahre oder auch Jahrzehnte zurückgreifen. Früher wurden die besseren Wiesen – die zweischürigen – zwei Mal, ganz selten auch drei Mal im Jahr gemäht. Heute donnern bis zu sechs Mal die Kreiselmäher darüber hinweg, und diesen folgt genauso oft die Gülle. Folgen dieser etliche Regentage, wächst schnell neues Grün. Nimmt man jedoch eine Handvoll Wiesenaufwuchs und riecht daran, riechen selbst wir „Kurznasen" auch nach zwei, drei Wochen noch die Gülle. Wie aber muss dieser Gestank auf

Äsungsparadies.

So artenreiche Wiesen sind selten geworden. Wo es sie noch gibt, ziehen sie das Rehwild an.

die tausendfach feinnasigeren Rehe wirken – sie meiden diese Wiesen!

Noch etwas: Früher wurde, je nach Jahr und Höhenlage, so um Pfingsten herum Heu gemäht, im Gebirge oft auch deutlich später. Bis dahin boten die Wiesen den Rehen eine Vielzahl von Äsungspflanzen. Später im Jahr gab es dann noch eine zweite Mahd – Grummet oder Öhmd. Heute hingegen wird vielfach bereits Silo gemäht, wenn der Aufwuchs kaum höher als zehn Zentimeter ist. Es folgt die Gülle. Solcherart genutzte Wiesen sind fast während der gesamten Vegetationsperiode für die Rehe wertlos.

Hier sind es oft nur noch die ersten zwei, drei Wochen zu Beginn der Jagdzeit, in denen die Wiesen für Rehe und Jäger interessant sind. Dann kommen bereits Kreiselmäher und Güllefass. Daran sollten jene denken, die sich bei Beginn der Jagd erst einmal Zeit lassen und beobachten wollen. Was früher durchaus

Veränderungen mit Einfluss auf die Jagd	
Was sich so verändert hat	**Wirkungen**
Wiesenumbruch	Der Grünlandanteil ging teils dramatisch zurück. Die verbliebenen Flächen verloren an rehwildtauglichen Strukturen, wie Einzelbäume, Hecken, äsungsreiche Grabenränder.
Intensive Grünlandwirtschaft	Flächenzusammenlegung und damit schnellere Mähabfolge, mehr Gülle, lassen Grünland verarmen.
Vergiftung der Landschaft	Früher vom Rehwild gerne genutzte Ackerkulturen sind wertlos geworden, weil sie intensiv mit Pestiziden, Fungiziden und Herbiziden behandelt werden. Dadurch sind sie geschmacklich stark verändert.
Ausdehnung der Maisfläche	Sowohl die Maisanbaufläche nahm enorm zu, auch die Parzellengröße wuchs ständig, was den Rehen für rund ein halbes Jahr Deckung und für etliche Monate „Kraftfutter“ beschert. Gleichzeitig reduziert sich die Sichtbarkeit des Rehwildes. Es entstehen völlig falsche Eindrücke über die Rehwilddichte während der Vegetationszeit und gleichzeitig ein hoher Verbissdruck während der Wintermonate im Wald.
Intensivere Landschaftsnutzung	Die Landschaft wird vor allem von Erholungsuchenden in einem früher völlig unbekannten Maß genutzt. Sie nehmen Einfluss auf das Verhalten der Rehe und ihre Sichtbarkeit, und sie erzwingen eine Anpassung (die selten erfolgt) unserer Jagdstrategien und Jagdmethoden. Auch die Landwirtschaft nutzt heute völlig anders als früher. Einerseits sind es volltechnisierte Großbetriebe, zu deren Konzept auch die „Nachtarbeit“ mit Maschinen gehört, andererseits wirtschaften Nebenerwerbslandwirte überwiegend am Abend und in der Nacht und/oder am Wochenende. Die Jagd wird dadurch massiv beeinflusst.
Zersiedelung der Landschaft	Die Zersiedelung der Landschaft reduziert die Bejagbarkeit weit mehr als den Wildbestand selbst. Sie bedingt aber auch mehr Verkehrswege und mehr Individualverkehr in den Revieren.

sinnvoll sein konnte, ist heute völlig kontraproduktiv. Darauf gründen ja auch die Bestrebungen zu einer weiteren Vorverlegung der Jagdzeit in den April hinein, wie sie beispielsweise das Burgenland, Ungarn, aber auch deutsche Bundesländer verwirklicht haben.

Die frühe und häufige Mahd verhindert aber auch bei vielen Wiesenkräutern und Untergräsern Blüte und Samenbildung. Was sich durchsetzt, sind wuchskräftige Mittel- und Obergräser. Dieser Effekt wird durch hohe Stickstoffgaben (zum Beispiel durch Gülle) noch verstärkt. Was bleibt, sind ertragreiche aber artenarme Wiesen, die zwar Grasfresser wie Rot-, Dam- und Muffelwild noch interessant finden mögen, nicht jedoch das selektierende, Kräuter sowie Blüten und Samenstände bevorzugende Reh.

Bei uns und sicher auch in vielen anderen Revieren entwertet auch der Maisanbau die Wiesen. Grünland wird umgebrochen und Mais angebaut. Nach einigen Jahren wechselt der Landwirt

Versteckspiel.
Gerade eben war von der Geiß noch nichts zu sehen, weil sie im Graben äste. Genau so schnell kann sie wieder darin verschwinden. Die Böschung bietet mit zahlreichen Stauden und Kräutern Äsung in Fülle, ganz im Gegensatz zu den oft schon recht artenarmen Wiesen, die noch dazu nach Gülle stinken.

die Flächen. Aus Maisacker wird – durch neuerlichen Umbruch und Einsaat – wieder Wiese. Im verwendeten Saatgut dominieren ertragreiche Massengräser, also genau jene, mit denen die Rehe nicht viel anfangen können. Wiesengesellschaften, die über Jahrhunderte entstanden, sind unwiederbringlich verloren!

Was die Rehe in den Wiesen verloren haben, finden sie teilweise noch in den die Wiesen begleitenden oder durchziehenden Gräben. An deren Rändern wächst manchmal noch, was in Wiesen und selbst an Waldrändern verlorenging. Voraussetzung ist, dass die Landwirte die vorgeschriebenen Mindestabstände zu den Gräben respektieren, sowohl was die Gülle betrifft wie auch Herbizide und Mineraldünger.

Nicht immer entdeckt der Jäger die Rehe in den Gräben, wenn diese tiefer ins Gelände eingeschnitten sind. Aber wenn er gelegentlich die dortige Flora in Augenschein nimmt, wird er – unter Einbeziehung von Losung und Fährten – bald erkennen, ob sich Rehe dort zur Äsung einstellen.

Saure Wiesen sind interessanter

Viele Jäger sind der Meinung, nur Süßgräser seien für Rehe interessant. Doch das stimmt nicht. Abgesehen davon, dass Rehe keine „Grasfresser“ sind, wachsen in manchen „sauren“ Wiesen weit mehr krautartige Äsungspflanzen als in den heutigen Süßgräsergesellschaften. Gerade im Frühjahr und Frühsommer interessieren sich Rehe mitunter weit mehr für die sauren Wiesen. Die werden, wenn überhaupt, spät gemäht. Vor allem wachsen in ihnen mehr Kräuter und auch Hochstauden wie beispielsweise Mädesüß. Auch die jungen, saftigen Sumpfdotterblumen werden mancherorts gerne geäst. Achten müssen wir halt darauf.

Werden Feucht- oder Sauerwiesen nicht mehr regelmäßig gemäht, dann stellen sich sehr schnell junge Weiden und andere beim Rehwild beliebte Sträucher ein, die gesucht und verbissen

Bock in einer Feuchtwiese.
Die Kuckucks-Lichtnelken sind typische Bewohner solcher Wiesen. Früher wurde oft behauptet, Rehe würden solche Wiesen meiden.

werden. Auch sie machen derartige Flächen für den Jäger interessant. Leider verschwinden im intensiv bewirtschafteten Agrarland immer mehr dieser Feuchtwiesen.

Der Wald gewinnt an Bedeutung

Keineswegs überall, aber doch vielerorts hält auch der Wald die Rehe zurück. Die Umstellung von artenarmen Altersklassenwäldern in standortgerechte Mischwälder brachte Licht auf Waldböden und mit ihm Bodenflora – Rehwildäsung! Die Umstellung von fast ausschließlichem Pflanzbetrieb auf immer mehr Naturverjüngung brachte den Rehen ebenfalls mehr Äsung im Wald und überdies mehr und mehr Deckung. Auch das sind Gründe, warum Rehe ihr Interesse an den Wiesen verlieren.

Kanzel auf dem Schnittpunkt zweier Linien im Wald. Hier lässt es sich auch am Vormittag längere Zeit aushalten. Wer einen entsprechenden Beruf hat, kann dabei sogar arbeiten.

Die Jagd muss das berücksichtigen und sich in vielen Revieren mehr in den Wald verlegen. Im Wald ist der Jäger auch weniger von der Tageszeit abhängig, weil abseits der Forststraßen das Publikum keine so große Rolle spielt wie im Feld. Wie erfolgreich die Jagd im Wald ist, hängt stark von dessen Struktur ab.

Gülle

Dass Gülle viele Wiesen für das Rehwild unattraktiv macht, wurde ja bereits gesagt. Vor allem jüngere Jäger kennen gar nichts anderes mehr als gegüllte Wiesen. Tatsächlich aber war das früher nicht so. Grundsätzlich waren die Viehzahlen früher weit geringer als heute, und überdies hatte der Weidegang größere Bedeutung. Wiesen wurden überwiegend mit Mist gedüngt, nicht mit Gülle. Hier in meiner Wahlheimat Kärnten setzte sich die Gülle erst in den letzten zwei Jahrzehnten richtig durch.

Steigende Rinderzahlen, der Verzicht auf Weidegang und die Schwemmentmistung sorgen zunehmend für große Güllemengen. Gleichzeitig schrumpft das Grünland. Was bleibt, wird immer intensiver bewirtschaftet. So dient heute das Grünland mancherorts häufig schon im Spätwinter zur Gülleentsorgung, weil die

Gülle, Gülle, Gülle. Die Viehzahlen steigen, Futter muss zugekauft werden, die Gülleproduktion multipliziert sich, und Rehe meiden immer mehr Wiesen.

Sammelbehälter randvoll sind. Im Allgäuer Voralpenland habe ich es erlebt, dass einzelne Bauern im Spätwinter und wenige Wochen später, noch ehe die Wiesen zu wachsen begannen, güllten. Ebenso wurde auch im Herbst nach dem letzten Schnitt oder nach einem abschließenden Weidegang gegüllt. Das heißt, auf einzelne Flächen kam bis zu acht Mal im Laufe eines Jahres Gülle! Dass solche Wiesen für das Rehwild verloren sind, ist klar.

Jäger und Nichtjäger

Den Rest besorgen wir Jäger wie auch das Heer der Nichtjäger selbst. Wir Jäger fahren die früher rehreichen Wiesen in der besten Zeit – in den Abendstunden und am frühen Morgen – ab, immer in der Hoffnung, Rehe zu sehen. Sehen wir wirklich welche, bleiben wir stehen, lassen die Scheiben herunter, strecken Spektive und Gläser hinaus und verbreiten bei den Rehen Unruhe. Warum aber sollen sich die Rehe das antun, wenn die Wiesen ohnehin nicht mehr sonderlich begehrenswert sind und nebenan im Wald Ruhe herrscht und Äsung wächst? Und die Nichtjäger? Die nutzen die langen Abende, die ihnen die Sommerzeit beschert, joggen, walken, reiten und halten die Rehe bis zum Einbruch der Dunkelheit in Deckung.

Mais macht unsichtbar

Im Sommer entzieht der immer mehr Fläche beanspruchende Mais die Rehe unseren Blicken. Spätestens im Achtblattstadium nehmen sie in ihm Einstand. Früher, als der Mais noch in kleinen, relativ schmalen, von Klee, Rüben und anderen Kulturen flankierten Feldern angebaut wurde, half er den Rehen bei der Besiedlung der Feldmark. Er bot den ganzen Sommer hindurch Deckung, und neben ihm wuchs hervorragende Äsung, welche die Rehe nährte und sie gleichzeitig dem Jäger sichtbar machte. Diese Zeiten sind fast überall vorbei.

Selbstverständlich stellen auch große Maisflächen beliebte Rehwildeinstände dar, und die Rehe verlassen diese auch. Das Problem ist, dass der Jäger häufig keine passende Ansitzgelegenheit hat. Viele große Maisflächen liegen zwischen zwei Straßen oder Feldwegen; dort kann nicht geschossen werden. An den Seiten bestehen nicht selten dieselben Probleme, weil sich kein Sitz stellen lässt, weil mitunter sehr weit geschossen werden

Am Rande des Maisdschungels.

Vielerorts übersiedeln die Rehe im Frühsommer in den Mais. Da die Maisschläge immer mehr und größer werden, wird die Bejagung immer schwerer.

müsste und weil es einfach gefährlich ist, flach über die angrenzende Wiese oder den Acker zu schießen. Die den Mais begrenzenden Straßen oder Wege sind unberechenbar. Der Jäger weiß nicht, was sich hinter der Maiskulisse verbirgt und wer ihm eventuell in einen Schuss läuft. Auch darf dabei die Splitterwirkung eines Geschoßes nicht unterschätzt werden.

Die Sicherheitsfrage ist bei der Maisjagd das große Problem. Ohne hundertprozentigen Kugelfang keine Bejagung im Mais! Wenn Kugelfang gegeben ist, dann versucht man zuerst herauszufinden, wo die Rehe bevorzugt stehen und setzt sich dann gegenüber in der ersten Maisreihe an. Einfach in der ersten Reihe zwei, drei Maisstängel in passender Höhe abknicken und sich dahinter auf ein Stockerl setzen. Damit dieses nicht im weichen Erdreich einsinkt, bedarf es einer Unterlage. Am besten ein kleines Brett mit einem Loch in der Mitte, das die Spitze des Stockerls aufnimmt, nicht jedoch dessen kleinen Teller durchlässt. Für den sicheren Schuss empfiehlt sich der Bergstock oder besser noch ein variabler Scherenstock.

Ein weiteres Problem bei dieser Jagd ist, wie so oft, der Wind. Rücksicht nehmen kann der im Maisfeld ansitzende Jäger nur auf die gegenüberliegende Seite, doch selbstverständlich können sich Rehe auch hinter dem ansitzenden Jäger und damit im Wind befinden. Um den „Schaden“ möglichst gering zu halten, wird der Jäger – ehe er ansitzt – erst einmal versuchen auszuloten, wo die Rehe bevorzugt stehen.

Ansitz im Maisfeld.

Der Jäger sitzt zwischen erster und zweiter Maisreihe, knickt ein paar Maisstängel und benutzt den Bergstock oder einen Zielstock als Hilfe beim Schuss – sofern er Kugelfang hat.

Erlebt

Es war in den 1980er-Jahren, im damals noch schönen Allgäu, irgendwo nicht weit hinter Bregenz. Voralpenland mit vielen kleinen Waldfetzen, umgeben von Grünland, und überall Bäche, Gräben und Teiche. Vom Zählen der Rehe hatte ich schon lange Abschied genommen. Nachdem erwiesen war, dass Radelfahrer, Jogger und Reiterinnen weder Tanne noch Laubholz verbeißen, wertete ich verbissene Tannen als „Meldebescheinigungen" der Rehe. Dennoch schien es mir sinnvoll, irgendwie einen Trend festzustellen. Es war die Überzeugung, dass unser Einfluss auf Höhe und Struktur der Rehwildbestände schon deshalb gering war, weil in den meisten Revieren nur im Rahmen der kompensatorischen Sterblichkeit gejagt wurde. Das musste immer auch Einfluss auf das eigene Revier haben, egal wie intensiv wir jagten. Daher musste es genügen, jene Rehe zahlenmäßig zu erfassen, die tatsächlich erkennbar und zuordenbar waren.

Jene Böcke, die nach der Schneeschmelze auf den Wiesen draußen ästen, eigneten sich! Gezählt und festgehalten wurde jedes Jahr in zwei ganz bestimmten phänologischen Zeitrahmen. Man musste die Böcke einfach und unzweifelhaft beschreiben können. Dazu dienten kleine Skizzenblöcke, in denen die Konturen eines Rehhauptes von vorne, von rechts und von links vorgezeichnet waren. Vom Jäger – in diesem Falle von mir – wurden Vereckung, ungefähre Höhe, Perlung, Rosenform und Stangenstellung festgehalten. Dazu kam ein kurzer, prägnanter Beschrieb des jeweiligen Bockes. Selbstverständlich hielt ich auch die im Wald gesehenen Böcke fest. Vielen von ihnen begegnete ich ja auch außerhalb des Waldes. Grundsätzlich sah ich draußen etwa doppelt so viele Böcke wie innerhalb des Waldes. Die Zahl der so erfassten Böcke schwankte von Jahr zu Jahr etwas, einfach weil die Zählbedingungen während der festgelegten Zeit auch unterschiedlich waren. Insgesamt waren die Schwankungen gering.

Irgendwann, so Mitte der 1980er-Jahre, brachen die Beobachtungen außerhalb des Waldes ganz stark ein, während die im Wald sich nicht veränderten. Nahm man nur die „Wiesenböcke“ (hier in Kärnten sind das die „Gummibirsch-Böcke“) als Kriterium, war unser Rehwildbestand in kurzer Zeit um mehr als die Hälfte eingebrochen, denn schließlich konnten ja wohl nicht nur die Böcke weniger geworden sein, auch die Geißen. Diese wurden, da sie nicht mit Geweihen „markiert“ waren, nicht erfasst worden, aber dass nun auf den Wiesen signifikant weniger zu sehen waren als in den Jahren zuvor, war auffällig. Ein tatsächlicher Rückgang des Rehwildbestandes hätte sich auch am Verbiss zeigen müssen. Er tat es nicht, und im Wald hatte sich an der Sichtbarkeit ja auch nichts geändert.

Die Ursachen für diese Entwicklung lagen ganz woanders, und vor allem außerhalb der Einwirkungsmöglichkeit der Jäger. Die Symptome hatte ich sehr wohl gesehen; die Ursachen wurden mir erst ein, zwei Jahre später bewusst. Es war eine Umstellung in der Hartkäserei! Ursprünglich durften Kühe, deren Milch von den Molkereien aufgekauft wurde, nicht mit Silage gefüttert werden. Mit der Silage wären auch Säurebakterien in die Milch gekommen. Der Käse wurde aus Rohmilch gemacht. Dann aber fingen unsere Käsereien an die Milch zu erhitzen, womit alle Bakterien abstarben. Da zur Vergärung aber Milchsäurebakterien notwendig sind, wurden diese wieder künstlich zugesetzt. Nun konnte auch Silage gefüttert werden. Das führte dazu, dass von Jahr zu Jahr immer mehr Wiesen bereits kurz gemäht wurden, wenn ihr Aufwuchs nicht wesentlich über zehn Zentimeter maß. Die Zahl der Schnitte kletterte von zwei auf vier bis fünf. Gleichzeitig stiegen die Viehzahlen, was mehr Gülle zur Folge hatte und gleichzeitig immer größere, subventionierte Güllegruben, die trotzdem oft schon Ende Feber randvoll waren. Zwar gab es eine Gülleverordnung, die vor allem das Ausbringen auf Schnee oder gefrorenen Boden verbot. Daran hielten sich viele Landwirte nicht, und sie wussten sehr wohl, dass sie eine politische Macht darstellten, vor der die Verwaltung auf Druck von oben kuschen musste. Jene Landwirte, die sich an die Verordnung hielten oder halten konnten, güllten im April, wenn zwischendurch der Boden frei war. Meist schneite es dann noch einmal obendrauf. War der Schnee weg, sahen die Wiesen grün und freundlich aus – den Rehen stanken sie.

In der Folge zog ich mich jagdlich immer mehr von den Wiesen zurück in den Wald. Unsere Abschussquoten blieben volle zehn Jahre stabil, trotz weitgehendem Ausfall der Wiesen. Mancher Leser wird berechtigt sagen, dass bei ihm die Hartkäserei gar keine Rolle spielt und dennoch viel weniger Rehe zu sehen sind als in alten Zeiten. Richtig! Aber ich habe das hier ja auch nur als Beispiel erzählt, das ich sehr bewusst erlebt und mit Zahlen untermauert hatte. In der Umwelt der Rehe haben viele Veränderungen stattgefunden, ebenso in deren Verhalten. Wir sollten nachdenken…

Erfolgreich jagen

Eigentlich alles ziemlich einfach

Statt zu jammern, sollten wir bewaffnete Jagd-Amateure einfach einmal schauen, wie jagdliche Profis jagen; wie macht es der von uns als Rehwildjäger so gefürchtete Luchs? Er lebt von einer relativ bescheidenen Zahl an Beutetierarten, meist von der Maus bis zum Spießhirsch. Er jagt auch nicht auf 50 oder gelegentlich 100 Hektar, wie es die meisten von uns tun. Er hängt an seine Reviergröße noch ein oder zwei satte Nullen an. Er ist auch nicht so dumm, eine Woche lang morgens und abends auf demselben Platz anzusitzen. Geht nichts, zieht er weiter, um seine Beutetiere nicht zu sensibilisieren. Hat er Beute gemacht, nutzt er sie an Ort und Stelle. Handelt es sich um ein Reh und finden sich keine großen Mitfresser wie Wildschweine, Wölfe oder Bären ein, ist er etwa für eine Woche versorgt. Danach wechselt er in eine andere Ecke seines großen Reviers. So minimiert er den Jagddruck – die Voraussetzung, auch weiterhin Beute zu machen und zu überleben.

Hierzu ein Beispiel aus dem benachbarten Slowenien. Dort hatten Forscher Luchse gefangen und besendert. So konnten sie über einen langen Zeitraum alle Ortsveränderungen verfolgen. Eine Luchsin nutzte ein südlich der Hauptstadt liegendes, rund 20.000 Hektar großes Streifgebiet. Das entspricht in Deutschland etwa der Größe von 30 bis 40 Gemeindejagden. Dabei konnte es zwar vorkommen, dass die Luchsin in manchen der dort großen Jagdreviere in kurzer Zeit mehrfach Beute machte, in anderen tauchte sie dafür sechs Monate und sogar ein ganzes Jahr lang nicht auf. Die durchschnittliche Größe der dortigen Gemeindejagden betrug 5.000 Hektar. Wenn in einem solchen Revier im Jahr tatsächlich 10 bis 15 Rehe erbeutet wurden, hätte

Auf den Punkt gebracht

- Nicht ständig präsent sein, möglichst intervallmäßig jagen!
- Ansitzeinrichtungen wechseln, so dass immer wieder mindestens eine Woche Ruhe herrscht – besser länger.
- Nicht bis in die finstere Nacht hinein sitzen. Abgang gut überlegen, um nicht zu stören.
- Abseitig stehende Rehe bevorzugt erlegen, damit ihre Reaktion im Schuss nicht von anderen Rehen beobachtet wird.
- Erlegung mehrerer Rehe auf einmal erzeugt weniger Jagddruck als zeitverzögerter Einzelabschuss.

man ohne Telemetrie die meisten gar nicht bemerkt; entsprechend gering war der Druck der Luchsin auf ihre Beutetiere.

Noch etwas sollten wir bedenken: Kein Luchs hält sich eine ganze Woche oder gar einen Monat – ohne Beute zu machen! – in einem vielleicht 200 Hektar großen Waldstück auf. Bei uns zweibeinigen Amateurjägern ist das hingegen eher die Regel als die Ausnahme.

Wie aber verhalten wir uns? Wir gehen bevorzugt immer wieder dorthin, wo wir schon öfter Beute gemacht haben, nicht selten viele Tage in Folge … Und dann wundern wir uns, wenn „nichts mehr geht".

Auch hierzu – zur Jagdweise des menschlichen Jägers – ein Beispiel. Ein lieber, viel zu früh verstorbener Jagdfreund, begegnete im Bergwald einem ihm „passend" erscheinenden Rehbock. In der Folge saß er zumindest einmal am Tag, nicht selten aber auch morgens und abends auf einem am Ort der Begegnung stehenden Hochsitz, ehe er den Bock nach vollen vier Wochen ein zweites Mal sah und ihn erlegen konnte. Dafür – für seine Ausdauer – wurde er bewundert, auch von mir. Ob man davon sprechen kann, dass er den Bock überlistet habe, ist fraglich. Eher hat er ihn durch seine ständige Anwesenheit an sich gewöhnt. Er hatte das Glück, mithilfe seiner Pensionsbezüge immer wieder den Kühlschrank auffüllen zu können. Als Luchs wäre er mit dieser Jagdmethode verhungert!

„Gut", werden die Anhänger dieser Methode sagen, „funktioniert doch". Manche fühlen sich sogar durch Friedrich von Gagern bestätigt, der seinen Jäger Michel Holzer so lange ins „Wurzelgestühl einer Jahrhundertbuche" sitzen und warten ließ, bis irgendwann ein passender Bock vorbeiwechselte. Mag sein, aber weder Gagern selbst noch seine literarisch unsterblich gemachten Heroen mussten von selbsterlegtem Wildbret leben!

Sicher können wir in diesem durchaus beschaulichen Stil jagen und uns sogar Bewunderung verschaffen, aber auf die Höhe des Rehwildbestandes üben wir dabei sicher keinen nennenswerten Einfluss aus, wohl aber auf das Verhalten der Rehe!

Luchsriss. Längst nicht jeder Angriff des Luchses auf ein Reh ist erfolgreich. Umso wichtiger ist für ihn ein möglichst großes Revier, in dem er alleine jagt und ständig seinen Standort wechseln kann.

Vertrampeln und verstänkern

Der Erfolg des Jägers sinkt, je öfter er eine Örtlichkeit aufsucht. Das ist in Revieren mit hoher Jägerdichte nicht nur häufig der Fall, es ist fast Standard – gerade in Gemeindejagden, die an Vereine oder Jagdgesellschaften verpachtet sind. Eher selten kann sich eine den Jagdbetrieb halbwegs ordnende Jagdleitung gegen die Mehrheit durchsetzen.

Die Praxis sieht oft so aus: Ein Jäger bevorzugt einen bestimmten Hochsitz. Das fällt anderen Jägern auf. Ihr Interesse an diesem Sitz ist geweckt, schließlich findet so eine Art Dauerbelagerung statt. Den Rehen entgeht die damit verbundene Gefahr nicht, vor allem dann, wenn ein Ansitz zwischendurch von Erfolg gekrönt war. Wenn beim Beziehen oder Verlassen eines Sitzes kein Reh schreckt, glauben viele Jäger, ihr Auftreten sei unentdeckt geblieben. Da irren sie gewaltig. Denn selbst wenn sie von den Rehen nicht gesehen werden, so werden sie doch wahrgenommen. Schon die Fahrt zum Sitz wird registriert. Der Jäger deponiert seine Witterung, eventuell auch noch die seines Hundes.

Bleibt eine Reihe von Ansitzen erfolglos, so wird oft umso intensiver vom Auto aus kontrolliert. Die meist als harmlos angeschaute Gummibirsch, oft und gerade im letzten Licht, bleibt

Gummibirschler.
Der Schuss aus dem Auto ist verboten; übers Dach ist er zwar erlaubt, verunsichert das Wild aber nicht weniger. Wenn schon, dann ist es besser, zu zweit: Der Schütze steigt vorsichtig aus, und der andere fährt weiter…

nicht ohne Auswirkung auf das Verhalten des Wildes. Manchmal wird der ansitzende Jäger von einem auf der Gummibirsch befindlichen Kollegen gar nicht mehr gesehen. Dessen Anblick beschränkt sich dann auf einen vor ihm in den Wiesen stehenden Suzuki oder Mitsubishi…

Innerhalb einer Woche kann so ein guter Platz für längere Zeit völlig auslassen. Die Rehe erscheinen eben nur noch bei Nacht oder am hellen Tag, wenn sich kein Jäger draußen herumtreibt.

Chancen richtig nutzen

Wir müssen uns eine Geiß vorstellen, die als Kitz schon gelernt hat, Jäger zu erkennen und zu fürchten. Erwachsen geworden erlebt sie, wie eines ihrer Kitze erlegt wird. Vielleicht klagt dieses auch, und es versucht noch einmal hochzuwerden, oder es geht gar mit heraushängendem Gescheide noch ein Stück weit vom Anschuss? Das kann passieren, und es passiert auch guten Schützen. Jedenfalls ist es für eine Geiß ganz sicher ein tiefgreifendes Erlebnis. Damit aber nicht genug: Drei Wochen später fällt neben ihr das zweite Kitz. Selbst wenn dieses schlagartig zusammenbricht und keinen Lauf mehr rührt, so werden in der Geiß ganz sicher vorangegangene Erlebnisse wach. Sie wird noch vorsichtiger. Diese und ähnliche Erlebnisse werden sich aber wiederholen, solange die Geiß lebt. Sie beobachtet auch, wie andere Rehe auf Jäger reagieren, wie diese ihr Verhalten ändern, und sie wird ihr eigenes Verhalten immer weiter den wechselnden Gegebenheiten anpassen. Das setzt die Rehe insgesamt unter Druck, und es erschwert die Jagd zunehmend.

Die Konsequenz müsste sein, dass wir versuchen, entweder einzeln auftretende Rehe zu erlegen oder, wenn mehrere vor uns stehen, am besten alle! Das klingt jetzt furchtbar brutal, darf jedoch relativiert werden. Natürlich wollen wir, wenn auf der Wiese sieben Rehe stehen, nicht solange schießen, bis alle erlegt sind. Es würde uns auch kaum gelingen. Es geht in der Regel um Geiß und Kitz(e) oder um Geiß und Schmalreh oder Jahrling.

Früher hat mancher Jäger seine Karriere in einem bestimmten Revier beendet, weil er nach dem Ansitz gleich mit zwei Rehen zurückkam – „Schießer" nannte ihn der kollektive Jagdneid. In Wirklichkeit hat er getan, was vernünftig war; unvernünftig (oder schlicht schussneidig) waren nur jene, die sein Verhalten missbilligten!

Je stärker Rehe durch dilettantische Jagd bereits sensibilisiert sind, umso schwerer gelingt die Dublette. Daher müssen wir uns schon vor dem ersten Schuss einige Gedanken machen. Stehen die Rehe dicht am Waldrand oder bei einer Hecke, tun wir uns mit der Dublette schwer. Also die Rehe möglichst weiter auf die Freifläche lassen. Das ermöglicht uns nicht nur einen zweiten oder gar dritten Schuss, wir können – im Falle eines Falles – auch leichter erkennen, wie ein Reh abgeht: krank oder gesund.

Die Rehe sollten im Schuss nicht zu nahe beieinanderstehen, vor allem nicht schräg hintereinander. Letzteres soll verhindern, dass Rehe von feinen Geschoßsplittern getroffen werden. Grund-

Im frühen Morgenlicht.
Noch stehen die Rehe auf dem abgeernteten Maisschlag.

sätzlich erschrecken unbeschossene Tiere umso mehr, je näher sie neben einem beschossenen Tier standen.

Nach einem Schuss zeigen Rehe unterschiedliche Reaktionen:

- Im günstigsten Falle werfen sie kurz auf, beruhigen sich sehr schnell und gehen zur Tagesordnung über.
- Brach beispielsweise ein Kitz im Schuss zusammen und stand es zuvor nicht unmittelbar neben der Geiß, wirft diese auf und äugt zum Kitz. Gelegentlich springt sie auch ein Stück ab, verhofft und zieht mitunter ein paar Meter zum erlegten Kitz zurück. Fällt dabei kein weiterer Schuss, kann sich das mehrmals wiederholen.
- Handelt es sich bei dem zuerst erlegten Stück um ein erwachsenes Reh (Schmalgeiß/Jahrling), ist die Wahrscheinlichkeit groß, dass die Geiß abspringt und erst in der Deckung verhofft. Sie wartet, kommt aber mehrheitlich nicht zurück.
- Wurde ein Kitz erlegt – oder auch zwei – und sprang die Geiß in die nächste Deckung ab, ohne kurz darauf Nachschau zu halten, lässt sie die erlegten Kitze dennoch nicht im Stich. Sie wartet in Deckung ab, zieht zuweilen – wenn sie sich in der Nähe des Tatortes unsicher fühlt – auch ein Stück weiter. Aber sie kehrt zurück. Das kann durchaus eine halbe Stunde dauern, und eventuell wird es darüber dunkel. Sie wird dann zwischendurch äsen oder ruhen, aber auch die Nacht über dort bleiben. In der Früh haben wir gute Chancen, sie dort zu erlegen. Wurde das Kitz jedoch in der Früh erlegt, bleiben wir – so uns möglich – einfach sitzen. Ist dies nicht möglich, versuchen wir es am Abend noch einmal. Dann genügt meist ein diskreter Kitzfiep, und die Geiß steht da.

Geiß und Kitz beim Morgenansitz im September.
Am Waldrand werden wir kaum beide erlegen, wohl aber, wenn sie sich ein Stück entfernen. Das beschossene Stück muss im Feld bleiben. Geht das zweite Stück unbeschossen ab, wird es im Frühherbst nach kurzer Zeit Nachschau halten, da die Bindung zwischen Geiß und Kitzen jetzt noch sehr eng ist.

Als junger Berufsjäger lernte ich im Vorbereitungslehrgang, es sei sinnvoll, im Herbst zunächst die Geiß und dann die Kitze zu erlegen, weil die Kitze schneller und zuverlässiger zur erlegten Geiß zurückkehren als umgekehrt. Den meisten von uns widerstrebte diese Empfehlung, und ich erlege bis heute zunächst die Kitze. Aber dabei bestimmen Tradition und Emotion mein Handeln. Denn tatsächlich sind Familien leichter und zuverlässiger zu erlegen, wenn man mit dem Stück beginnt, das bereits ausreichend Erfahrung im Umgang mit dem Jäger hat. Das ist die Geiß oder eben ein erwachsenes Reh. Auch in Kärnten wurde mir diese Praxis mehrfach von Jägern empfohlen. Das dabei gehörte Argument – „Die Kitze bekommen wir immer noch" – will ich nicht gelten lassen, einfach weil die wenigsten Jäger in der Folge so lange gezielt auf die Kitze ansitzen, bis sie diese tatsächlich auch erlegt haben. Zweitens kann ihm niemand garantieren, dass es dann tatsächlich auch die Kitze der bereits erlegten Geiß sind. Drittens begünstigt ein solches Verhalten sicher nicht die Erfüllung des Abschussplans – so wenig ich von derlei waldferner Bürokratie halte!

Das Entscheidende bei der angestrebten Erlegung von Rehfamilien ist die, vor allem im Frühherbst, noch sehr enge Mutter-Kind-Bindung. Sie lockert sich, je älter die Kitze werden. Im Dezember bleiben viele Rehgeißen nach einem Schuss nicht mehr stehen. Sie warten dann auch nicht mehr unbedingt in der Deckung des Waldes auf ihre (bereits erlegten) Kitze. Das hängt unter anderem damit zusammen, dass sich zumindest manche Kitze bereits im Herbst für Stunden und Tage von der Geiß lösen. Ihre intime Ortskenntnis wächst; sie haben kein Problem damit, ihre Mutter im Geburtsrevier zu finden.

Lasst euch nicht erwischen!

Gemeint sind hier nicht die Rehe, sondern wir Jäger. Knüpfen wir einfach am eben Gesagten an – erlegen von Familien oder eben von zwei oder mehr Rehen gleichzeitig. Das Ziel war klar: Möglichst wenige Rehe sollen „weitererzählen", wie verschlagen und gefährlich wir Jäger sind.

Da erlegen wir also das Kitz, und die Geiß springt ab. Ohne uns viele Gedanken zu machen, entladen wir, steigen hinab und gehen zum erlegten Stück. Wir müssen es aufbrechen oder zumindest von der Fläche bringen, um es anderswo aufzubrechen. Vielleicht gehören wir auch zu jenen Jägern, die besonders vorsichtig sind und die Rehe so wenig wie möglich beunruhigen wollen. Denn gehen wir erst zurück zum Auto, fahren dann zum erlegten Stück, um es abzutransportieren. Alles bleibt ruhig, die Wiese ist längst leer, und wir sind überzeugt, nicht gestört zu haben.

Doch die Realität schaut völlig anders aus. Das oder die überlebenden und eventuell abgesprungenen, vielleicht aber zunächst auch an Ort und Stelle weiteräsenden und sich dabei langsam entfernenden Rehe werden irgendwann begreifen, dass eines fehlt. Sie werden – selbst wenn sie unsere Anwesenheit tatsächlich nicht mitbekommen haben – irgendwann an den Ort der Tat zurückkehren. Sie werden dann das Geschehen überdeutlich in der Nase haben, ebenso die Witterung des Jägers, vielleicht noch die unseres Hundes und/oder Fahrzeuges. Sie werden alle diese Dinge eventuell noch mit dem Schussknall kombinieren. Und sie werden auch in den folgenden Tagen daran erinnert. Es „stinkt gewaltig", im doppelten Sinne des Wortes. Wem das nicht eingehen will, der lasse einfach einmal fünf Tage nach dem Schuss seinen angeblich treuesten und meist in einer Transportbox seines Kombifahrzeugs verwahrten vierbeinigen Freund für ein paar Minuten frische Revierluft atmen. Er wird ihm garantiert die Stelle verweisen, an der das erlegte Reh lag! Dazu bedarf es keines Prüfungssiegers, auch Nachbars Katze erbringt solche Leistungen. Gibt es da wirklich Zweifel, dass es die Rehe auch können?

In den meisten Fällen werden uns die Rehe direkt entdecken, auch wenn wir sie in der inzwischen hereingebrochenen Nacht nicht mehr sehen.

Schon haben die Rehe uns „erwischt"!

Immer wieder wird gefragt, ob wir Aufbrüche im Revier liegenlassen dürfen oder ob es besser sei, in der Wildkammer oder eben daheim im Hof oder Garten aufzubrechen. Nun, ich praktiziere beides, es kommt immer auf die Situation an. Da kann mitunter schon die Hose eine Rolle spielen, mit der ich in der Eile auf die Jagd ging. Ich mag aber auch nicht direkt neben einem Wanderweg aufbrechen und auch nicht in der Sommerwiese. Im Spätherbst und Winter breche ich gerne in einer Wiese auf, und meist übernehmen Fuchs und Bussard innerhalb zweier Tage die Entsorgung. Der Aufbruch macht dann Sinn. Rehe, die

Aufbrechen – nicht unbedingt in der Wiese, sondern eher am Waldrand.

Plätze, an denen aufgebrochen wurde, werden von den Rehen nicht wirklich gemieden, aber sie werden grundsätzlich vorsichtig – auch dann, wenn wir das erlegte Reh von der Fläche tragen und irgendwoanders aufbrechen. Witterung bleibt genug zurück.

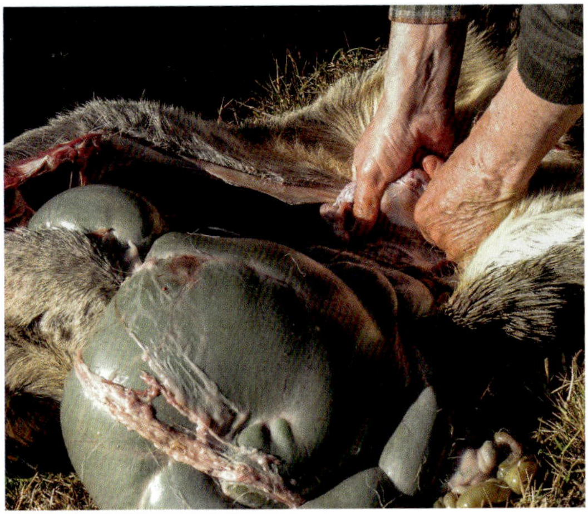

abseits der Wege im Bestand erlegt werden, breche ich mehrheitlich an Ort und Stelle auf. Würde ich das Reh unaufgebrochen zum Weg ziehen, träte garantiert auch Schweiß aus, der die Rehe informieren würde. Damit müssen wir – und die Rehe – einfach leben.

Auf den Punkt gebracht

- Bis wir ein Reh sehen, haben uns in der Regel schon fünf Rehe gesehen oder gewittert!
- Bei jeder Jagdhandlung hinterlassen wir unterschiedliche Spuren, die von den Rehen registriert werden.

Kommen und gehen

Am häufigsten bemerken die Rehe den Jäger, wenn er am Abend seinen Ansitz verlässt. Zwei Situationen sind dabei besonders „blöd“: Die Rehe weichen nicht, und der Jäger kann – auch wenn er noch eine halbe Stunde bei völliger Dunkelheit ausharrt – seinen Platz nicht unbemerkt verlassen. Jeder Jäger kennt das. Er sieht nichts mehr, wähnt die Rehe schon weit draußen in den Wiesen und steigt die Leiter herab. Und dann schrecken sie aus der Dunkelheit heraus und wollen sich kaum mehr beruhigen. Je mehr er jetzt versucht, seine Anwesenheit zu verheimlichen, umso mehr beunruhigt und stört er.

Ich versuche daher lieber, etwas zu früh abzubaumen. Natürlich mache ich nicht Schluss, wenn Rehe vor mir stehen. Aber häufig sitzt man bis kurz vor Ende des Büchsenlichtes ohne Anblick. Einerseits ist man geneigt zu gehen, andererseits weiß man aus Erfahrung, dass gerade in den letzten zehn Minuten noch mit Wild zu rechnen ist. Ob man dann noch ansprechen und schießen kann, ist eine andere Sache, meist ist die Nacht schneller als wir. Was aber, wenn Wild erscheint? Wie kommen wir weg, ohne massiv zu stören? Da ist es mir weit lieber, das eine oder andere Reh nicht gesehen zu haben, weil ich etwas zu früh ging.

Auf den Punkt gebracht

- Schon vor dem Bau einer Ansitzeinrichtung immer gut überlegen, wie man möglichst unbemerkt hinkommt. Wenn es die Umstände erfordern, auch einmal auf den Ansitz verzichten.
- Immer gut überlegen, wann es Zeit ist, den Ansitz abzubrechen, und wie man störungsarm zurückgeht.
- Andere Landschaftsnutzer und ihre Tätigkeit in die eigenen Überlegungen einbeziehen.

In der Früh haben wir diese Probleme weniger. Gut, auch nach dem Frühansitz müssen wir uns manchmal Rehgeschimpfe anhören, wenn wir zurück zum Auto birschen. Und warum „birschen" wir? Weil wir hoffen, dabei noch Wild in Anblick zu bekommen. Wir dürfen aber getrost davon ausgehen, dass auf jedes Reh, das wir sehen, zehn Rehe kommen, die uns bemerken! Da kann es schon sinnvoll sein, laut über die Ungerechtig-

„Ottos Wiese".

Diagonal durchs Moosrevier führte ein Waldweg, an dem auch „Ottos Wiese" lag. Dieser Weg wurde von Sportlern aller Art und Wanderern überaus stark genutzt. Dennoch standen auf ihr am Abend regelmäßig Rehe *(Symbolbild)*. Diese Rehe hätten auch die hinterste Ecke nutzen können *(Symbolbild durchgestrichen)*, dann wären sie nicht gesehen worden, sie hätten aber auch selbst nicht viel gesehen! Tatsächlich aber nutzten sie fast ausschließlich die breiteste Stelle der Wiese. Von dort hatten sie den besten Überblick und konnten, wenn es ihnen notwendig erschien, ganz schnell im Wald verschwinden. Gegenüber stand eine niedrige offene Kanzel, die vom Weg aus problemlos erreichbar war. Ich bestieg sie möglichst dann, wenn starker Publikumsverkehr war.

Entdeckt!
Oft genug sitzen aber die Rehe die Störung aus.

keit der Zeit zu philosophieren oder einfach herzhaft die Kaiserhymne zu singen…

Überhaupt macht es Sinn, sich freiwillig zu erkennen zu geben. Das mag in der unguten alten Zeit, als die Wälder noch Holzknechten, Jägern und ein paar ganz wenigen Nachwuchspraktikern gehörten, anders gewesen sein. Heute halten sich in vielen Wäldern – zumindest stundenweise – mehr Menschen als Rehe auf. Letztere haben sich angepasst, nehmen Leistungsneurotiker aller Art und solche, die unbedingt gesund sterben wollen, nicht sonderlich ernst. Da kann es durchaus sinnvoll sein, wenn wir uns – äußerlich – ebenfalls anpassen.

Auch die Art und Weise, wie und wann wir zum Ansitz gehen, entscheidet mitunter über Anblick und Jagderfolg. Die meisten Jäger mögen keine an Forststraßen stehenden Hochsitze – jedenfalls dann nicht, wenn auf den Straßen oder Wegen starker Publikumsverkehr stattfindet. Man kann aber als Jäger auch gerade diesen Publikumsverkehr nutzen, um weitgehend unverdächtigt seinen Ansitzort zu erreichen…

Erlebt

Es war am 3. Advent 1976. Ein grauer, kalter Dezembertag, an dem es still im Wald war. Das damalige Revier, im Voralpenland gelegene Moränenhügel mit großen Hochmoorflächen dazwischen, war für Spaziergänger ohnehin etwas mühsam, weil es sich bei den Forststraßen meist um schnurgerade durch Moore und anmoorige Fichtenbestände geführte Dämme handelte. Es war eine stade Zeit. Ich war Berufsjäger einer sich ehemals königlich schreibenden, unglaublich großen Forstverwaltung, und alles wäre noch gut und schön gewesen, hätte das bürgerliche Gesindel am Ende eines verlorenen Krieges nicht so etwas wie ein Parlament samt Regierung durchgesetzt. So aber war schon alles im Niedergang begriffen. Für die Förster ging offiziell freitags um 13 Uhr die Arbeitswoche zu Ende, und auch von uns Berufsjägern wurde am Wochenende – abgesehen gelegentlich Jagdgastführung – nichts erwartet. Manchmal kam der Herr Oberforstmeister vorbei und mahnte, was die Arbeit betraf, Zurückhaltung an. Zu viel Diensteifer könne auch das Betriebsklima schädigen, Unmut und Neid hervorrufen, meinte er immer wieder einmal. Was er forderte, lebte er auch vor.

An jenem Adventssonntag waren nur ein paar wenige Spaziergänger unterwegs, meist junge Mamis und Papis, die sich, stolz Kinderwägen schiebend, nicht allzu weit von den Waldparkplätzen entfernten. Also küsste ich, was durchaus ehrlich gemeint war, meine Heidi, pfiff dem Pürschi und fuhr waldwärts. An der Neuen Jägerhütte, die viel älter war als die Alte Jägerhütte, blieb der meiner Besoldungsstufe angepasste Renault R 4 stehen (Autos im heutigen Sinne gab es noch nicht). Gar nicht weit von der Hütte entfernt stand eine einfache Ansitzleiter am Rande einer größeren Moorfläche. Auch innerhalb der Moore gab es immer wieder trockenere Erhebungen, auf denen das Rotwild gerne den Tag verbrachte. Darauf hoffte ich.

Ich saß und fror still zufrieden vor mich hin. Große Zeisigflüge, die lärmend in Erlen und Birken einfielen. Krähen, die mit trägen Schwingenschlägen so langsam ihren Schlafbäumen zustrebten. Atem vorm Gesicht. Roter Vollbart unter weißem Reif versteckt. Schwanzmeisen, die im Dutzend wispernd an kurznadeligen Moorfichten herumturnten. Halt so eine zartbittere Melancholie, die keine andere Jahreszeit so genial kreiert wie der Advent.

Kälte, die von den Zehen bis zu den Knien emporkroch, weil man einer mit Dummheit gepaarten Tradition entsprechend immer noch eisern an Bundhosen festhielt, wie sie auch die Dienstkleidungsvorschrift vorsah. Und dann, es ging so auf sechzehn Uhr zu, hinter mir im Moor menschliche Stimmen. Erst noch undeutlich, nicht wirklich lokalisierbar, dann lauter werdend, näherkommend. Puls legte zu, Adrenalin machte sich zur Ausschüttung bereit.

Es waren helle, laute Kinderstimmen dabei, die sich da von hinten näherten. Einen Moment die Überlegung, schnell abzubaumen und mich davonzustehlen. Dann wieder Trotz – Bagage elendige, antiautoritärer Erziehungsscheiß! Jetzt hörte man auch die Erwachsenen deutlich; es mussten zwei Paare mit Kindern sein, die da aus dem Moor herauskamen. Die Erwachsenen bogen im weglosen Moorfichtenwald nach rechts in Richtung Jägerhütte ab, wo mein Fahrzeug stand. Die beiden mitlaufenden, mit Stöcken an Bäume schlagenden Zombies hatten anscheinend einen Moment den Anschluss an ihre Erziehungsberechtigten verloren und näherten sich meiner Leiter.

Eine hohe Frauenstimme: „Sveeen, Oliver, wo seid ihr?“

Die Zombies reagierten nicht. Doch dann wurde ich von einem der beiden entdeckt. Prompt entwickelte sich ein kurzer, die Entfernung zwischen Jung und Alt überspringender Generationendialog:

„Papa, da sitzt einer auf einem Baum, er hat ein Gewehr dabei.“

Kurz und bündig die etwas langgezogene Antwort: „Lass ihn sitzen!"

Den diszipliniert unter der Leiter liegenden und leise knurrenden Pürschi hatten die beiden Produkte der antiautoritären Erziehung gar nicht bemerkt. Sie tuschelten miteinander und folgten dann, sich wohl selbst Mut machend, mit dürren Ästen an Bäume klopfend, ihren Erzeugern. Ich sah keinen Sinn mehr darin, noch länger meine kalten Knochen zu pflegen, blieb aber dennoch sitzen, weil ich den Moorhatschern nicht doch noch begegnen und mich gar noch in ein Gespräch ziehen lassen wollte. Noch einmal, nur noch gedämpft zu hören:

„Sven, Oliver, hierher, auf die Straße..."

Ich blieb sitzen – reichlich angefressen – beschloss die Zeugung eigener Kinder vorsichtshalber einzustellen. Doch dann das Unglaubliche: Von rechts, dort, wo gerade die Sonntagslärmer verschwanden, kamen ganz vertraut zwei Rehe – eine Geiß und ihr Kitz. Sie hatten sich wohl in ihren Lagern sitzend überlaufen lassen. Sie ließen sich Zeit, äugten ein paar Male zurück und zupften schließlich an den kurzen, zwischen breiten Polstern des Weißmooses wachsenden Schwarzbeerstauden.

Ganzschaftrepetierer, damals hochmoderne .308 Winchester, Stecher noch obligat. Zwei Mal eingestochen, zwei Mal aufs Züngerl getippt... Da lagen sie beide – Geiß und Kitz. Keine zehn Minuten waren zwischen der Störung und meinen beiden Schüssen vergangen. Ob sie mir auch ohne die Zombies und ihre Erzeuger gekommen wären; ich wusste es nicht...

Schauen, wo etwas los ist

Verbiss – jagdlich auch positiv

Rehwildverbiss ist nicht nur Ärgernis, sondern auch praktische Hilfe für den Jäger! Er zeigt ihm, wo es sich lohnt zu jagen. Manchmal müsste ihn Verbiss – der noch lange kein Schaden sein muss – aber auch nachdenklich stimmen. Etwa weil am Rande einer Waldwiese, an der er schon fünfmal saß, ohne etwas zu sehen, Holler und allerlei andere Gehölze und Stauden verbissen sind. Er muss weder Wildbiologe noch Esoteriker sein, um auszuschließen, dass hier weder Radelfahrer, Beerenweiber oder Kasermandl ihre Kassengebisse schärften. Das waren Rehe, und sie mussten, als sie verbissen, anwesend sein!

Wenn dem aber so ist, dann muss sich der Jäger halt Gedanken machen, warum er keinen Anblick hat. Er selbst kann, muss aber keineswegs die Ursache sein. Doch Verbiss sehen und gleichzeitig jammern, es seien keine Rehe mehr da, ist eher ärmlich.

Manchmal erlebt der Jäger, der sich intensiv mit Rehen beschäftigt, Überraschungen. Hier haben sie das Indische Springkraut *(Impatiens glandulifera)* intensiv verbissen.

Worauf achten wir?	
Verbiss	Suche und Erkennen von verbissenen Pflanzen erweitern unseren jagdlichen Horizont weit über die Forstpflanzen hinaus. Wir finden sie an Rändern jeder Art, aber auch im Inneren von Beständen und ebenso rechts und links häufig genutzter Wechsel. Wo Pflanzen verbissen sind, gibt es auch Rehwild (den Verbiss von Rotwild und Hase erkennen wir, bei den Gams wird es schwierig).
Losung	Losung finden wir überall, wo sich Rehe regelmäßig aufhalten. Sie hat den Vorteil, dass wir sie zeitlich ganz grob zuordnen können, was bei anderen Birschzeichen oft schwierig ist. Die Häufigkeit von – frischen – Losungshaufen sagt uns auch etwas über die Zahl der den Fundort besuchenden Rehe (nur eines oder zwei oder doch eine größere Zahl?).
Fährten	Rehwildfährten finden wir überall in Bodenverwundungen und besonders im feuchten Boden, auf Waldwegen beispielsweise.
Fegestellen	Frische Fegestellen sagen uns, dass in ihrer Umgebung ein mehrjähriger Rehbock wohnt. Jahrlinge fegen eher selten, weil sie ein Nischendasein führen und bei den erwachsenen Böcken nicht auffallen wollen. Sie sagen uns also auch etwas über die „Struktur" unseres Rehwildbestandes.
Rehlager	Im Gegensatz zu den Fegestellen sind Rehlager nicht geschlechts- oder altersspezifisch. Sie sagen uns nicht nur, wo Rehe sich aufhalten, sondern auch etwas über ihre Lebensgewohnheiten, und sie geben uns Hinweise für unser eigenes jagdliches Verhalten.
Schrecken	Wo Rehe schrecken, sind auch welche!

Prüfblick links, Prüfblick rechts.

Wenn wir genau hinschauen, finden wir fast überall Hinweise auf die Anwesenheit von Rehen. Rechts und links dieses schmalen, einen Bach begleitenden Steiges fanden sich zwölf verschiedene vom Rehwild verbissene Pflanzenarten – auf den zweiten Blick…

Verbissener Bergahorn.

Gerade am Waldrand „verewigen" sich Rehe gerne, so wie an diesem Bergahorn. Wir müssen halt genau schauen.

Verbissene Weißwurz.

Manchmal sind es unscheinbare, krautartige Pflanzen wie die Quirlblättrige Weißwurz.

Links Fegestelle an Holz, rechts an Mais.

Eine Fegestelle nimmt das Auge des Jägers zuverlässiger wahr als verbissene Stauden und Gehölze. Aber nur die Böcke fegen, und das auch nur während einer kurzen Zeit des Jahres. Verbissen wird jedoch immer und von beiden Geschlechtern.

Bemerkung am Rande zur rechten Fegestelle: Die wenigsten Jäger erkunden das Feld heute noch zu Fuß. Die meisten fahren nur durch, lassen ihren Hund hinterm Auto herlaufen. Da entgehen Fegemarken und Plätzstellen im Mais ganz schnell. Der Bock wird ja nicht unbedingt neben einem vielbefahrenen Weg fegen.

Plätzstelle.

Wenn der Bock fegt, plätzt er auch. Er plätzt aber auch ohne zu fegen!

Auf dem Heimweg abpassen

Für Rehe gibt es viele Gründe, die Nächte außerhalb des Waldes zu verbringen. Damit meine ich jetzt nicht die dem Wald direkt vorgelagerte Wiese oder einen Acker. Nein, oft sind es Einzelbäume weit draußen in der offenen Landschaft. Das kann eine fruchtende Eiche sein, ein Apfelbaum, vielleicht ein Obstgarten direkt bei einem Einsiedlerhof. Die Rehe müssen dann auch nicht unbedingt aus dem nächstgelegenen Waldstück kommen. Manche gehen auch überhaupt nicht in den Wald zurück, sondern verbringen den Tag irgendwo im Feld, vielleicht in einem Maisschlag?

Ein Praxisbeispiel:

In der Nacht standen die Rehe bei den Häusern unter den Apfelbäumen, nicht weit vom Wald entfernt. Am Waldrand stand sogar eine Ansitzleiter; eigentlich ideal. Doch die Rehe zogen, kaum dass es zu dämmern begann, ins Feld hinaus, zu einem großen Maisschlag. Also noch bei Dunkelheit von der entgegengesetzten Seite an den Rand des Maisfeldes birschen und in der ersten Reihe die einziehenden Rehe erwartet *(weiße Punkte)*. Je nach Wind kann es direkt in der Ecke oder weiter rechts sinnvoll sein. Der Abendansitz wäre dort sinnlos gewesen!

Der Jäger weiß dann zwar, wohin die Rehe in der Nacht ziehen, aber nicht, wo sie den Tag verbringen. Er vermutet meist, dass sie in der Früh in den Wald ziehen und setzt sich entsprechend an. Sitzt er zweimal ohne Anblick, gibt er auf. Da ist es doch viel gescheiter, zunächst einmal zu schauen, wohin die Rehe von ihrem Apfelbaum, ihrer Eiche oder ihrem Salatgarten in der Früh ziehen oder von wo sie am Abend kommen. Das ist gar nicht so schwer, denn sicher hinterlassen sie Fährten. Ist es in der Früh schon reifig, tun wir uns leicht. Ist der Boden aber schwarz und gefroren, kann es schwierig werden. Ohne Frost findet man die Fährten auf feuchten Wegen und auf blanken und eingesäten Äckern.

Wir brauchen etwas Gespür dafür, wo sie stecken könnten. Das muss kein Maisschlag sein. Viele Rehe sitzen gerade an warmen Herbsttagen im Schutze von Feldhecken. Vielleicht haben wir die Möglichkeit, am Abend von der Ferne aus zu sehen, welchen Weg sie nehmen? Das macht die Sache leichter. Ansonsten müssen wir halt riskieren, sie bei unserer Suche nach dem Tagesaufenthalt hochzumachen. Dann lassen wir sie am besten ein, zwei Tage in Ruhe, um danach in aller Frühe dort anzusitzen und ihre Rückkehr zu erwarten. Vielleicht steht in der Nähe sogar eine Ansitzleiter, die wir benutzen können. Manchmal laden uns im Feld liegende Silo- oder Strohballen ein. An einer Hecke können wir mit geringem Aufwand und einem Fetzen Tarnnetz einen Schirm bauen. Irgendeine Möglichkeit findet sich fast immer.

Tarnung.
Einfaches Ansitzzelt neben einem Baum in der offenen Feldlandschaft.

Etwas Fantasie gefragt …

Eigentlich können wir im offenen, auch für die Rehe weithin überschaubaren Feld fast überall sitzen und uns den Rehen auch durchaus nähern. Gut, da hält ja schon die Industrie einiges an Tarnbekleidung für uns bereit, mit der wir uns in jeder Wiese – flach auf dem Boden liegend oder sitzend, etwa an einen Baum angelehnt – postieren können. Bei der Jagd auf Ringeltauben, Enten und Krähen finden solche Klamotten längst Verwendung. Beim Ansitz auf Rehwild kommt es weniger auf die Farbe oder das Material an, sondern darauf, dass unsere Kontur verschwindet. Der typische Umriss des Menschen muss verschwinden. Da können ein paar Zweige schon hilfreich sein.

Will man an einem eher unüblichen Ort ohne stationäre jagdliche Einrichtung ansitzen, tut man gut daran, schon ein paar Tage vorher für irgendeine Veränderung zu sorgen, an die sich die Rehe gewöhnen können. Bei anderen Jagdarten – etwa bei Marder oder Fuchs – hat man früher gelegentlich ein Gespenst gebaut. Allerdings nicht um das Wild daran zu gewöhnen, sondern, um es „festzuhalten".

Tierfotografen sind uns Jägern in dieser Hinsicht überlegen. Sie benutzen ganz selbstverständlich „Fotozelte", die sie bei Horsten, Bauen oder Wechseln aufstellen und zunächst einmal warten, bis sich das Wild an sie gewöhnt hat, um dann darin anzusitzen. Ich selbst habe seit vielen Jahren ein recht primitives Ansitzzelt für die Jagd. Drei Teleskopstäbe und wahlweise einen Überwurf aus kräftigem Zeltstoff oder aus Tarnnetz sind alles. Zusammen mit einem klappbaren Campinghocker wird es zur brauchbaren, in Minuten aufstellbaren Ansitzeinrichtung. Einfach im Feld so aufstellen, dass man den Rehen nahe genug ist und einen Kugelfang hat, doch dann nur bei brauchbarem Wind beziehen.

Erlebt

Auch schon wieder urlange her. Ich war Praktikant im schönen Spessart, und Rehe gab es mehr als genug. Anfangs wohnte noch mein Vorgänger im Jägerhaus, und ich musste mich mit einem möblierten Zimmer am Rande des Dorfes begnügen. Gleich hinterm Haus hatte der Besitzer einen kleinen Weingarten angelegt, den ich mir kaum näher angeschaut hätte, wären da des Nachts nicht die Rehe gewesen, die zuweilen schreckten, wenn irgendwo noch ein Hoflicht anging oder Stimmen zu hören waren. Also hielt ich Nachschau, fand im Weingarten Fährten und Verbiss.

Zum Wald war es weit, und wenn ich in der Früh am Waldrand saß, tauchten zwar zuweilen Rehe aus dem Nebel auf, aber für einen vertretbaren Schuss immer zu weit. Ich musste näher ran. Damals fand man in den Feldern und ortsnahen Gärten immer noch lebensgroße Vogelscheuchen, meist Lattenkreuze, denen eine Jacke oder ein ausrangiertes Kleid übergestülpt, so etwas, wie ein Gesicht montiert und ein Hut aufgesetzt wurde. Bewirkt haben diese Vogelscheuchen nichts. Die Rehe gewöhnten sich so schnell an sie wie die Vögel. Doch genau das schien mir nützlich. Da stand nämlich in einem der Feldgärten eine kleine, kaum mehr als zwei Quadratmeter große Hütte, mit breit überstehendem Dach, samt blechernem Dachrindl, welches gelegentliches Regenwasser in ein altes Petroleumfass lenkte. Auf der gegenüberliegenden Seite fanden immer die Bohnenstangen ihre Winterruhe. Das schien mir ein idealer Ansitzplatz. Um die Rehe an menschliche Gestalt und Witterung zu gewöhnen, lieh ich eine der eben beschriebenen Vogelscheuchen aus und stellte sie neben die kleine Hütte.

Zwei Tage gab ich Ruhe. Am dritten Tag war ich schon sehr früh unterwegs und birschte bei gutem Wind und noch völliger Dunkelheit vom Wald her zu der kleinen Hütte. Dort setzte ich mich höchst kommod unter die an das überstehende Dach gelehnten Bohnenstangen. Eine Obstkiste aus der Hütte diente als „Sessel“, eine Stange als Auflage.

Es war ein nebliger Morgen, doch kaum, dass es etwas hell wurde, entließ der Nebel, kaum fünfzig Meter vor mir, drei Rehe, die Kurs auf den noch fernen Wald zu hielten. Die Vogelscheuche schien sie eher zu beruhigen als zu beunruhigen. Sie kannten viele solche ungefährlichen, nur manchmal etwas im Wind flatternden „Kunstmenschen“. In aller Ruhe nahm ich – verboten, verboten – den kleinen Repetierstutzen im Kaliber .22 Hornet von Anschütz, mit dem zweieinhalbfach vergrößernden Gläschen, hoch und ließ fliegen. Erst das eine Kitz und gleich noch das zweite. So war das damals, und so blieb‘s in Erinnerung bis heute.

Ansitzjagd – wie, wann, wo?

Immer wieder an Grenzlinien

Im Rehwildrevier steht die Mehrheit der Hochsitze wohl an Grenzlinien. Darunter versteht man vertikale Strukturen wie beispielsweise Waldränder. Solche bilden nicht nur die Grenze zwischen Wald und Feld; wir finden sie, die Forstwirtschaft macht es möglich, auch im Innern der Wälder, etwa dort, wo sich Altbestand und Hiebs- oder Jungwuchsfläche treffen. Auch Forststraßen, Leitungstrassen oder Abteilungslinien schaffen solche vertikalen Strukturen. Häufig werden derartige Grenzlinien zwischen hohem und niedrigem Bewuchs, zwischen heller Offenfläche und dunklerem Bestand von Wegen begleitet. Diese können für die Rehe durchaus attraktiv sein. Grundsätzlich sind Grenzlinien aber auch gefährlich für sie. Der Wechsel zwischen dunkel und hell, dicht und offen kann Überraschungen bergen. Da ist es gut, wenn irgend möglich, erst einmal im sicheren Bestandesinneren die Lage zu sondieren. Umgekehrt natürlich genauso. Wenn wir am Waldrand stehend einziehende Rehe erwarten, bemühen wir uns ja auch, nicht offen dazustehen. Wir versuchen, uns hinter der Kulisse zu verbergen. Wechseln die Rehe allerdings im Bestand an, haben wir schlechte Karten. Wir befinden uns – aus Sicht der Rehe – auf dem Präsentierteller; wir stehen am Bestandsrand praktisch dunkel vor einem helleren Hintergrund. Jede unserer Bewegungen fällt auf.

Ebenso gefährlich ist das Überqueren von Wegen oder Linien. Wenn man nicht ganz sicher sein kann, dass die Luft sauber ist, überquert man solche Bereiche so schnell wie möglich. Wir sehen das ja bei den Rieglern, bei denen Wege und Linien immer wieder abgestellt werden. Wenn wir dort Anblick haben, dann meist den hochflüchtiger Rehe. Langsame oder gar in Ruhe auf

Sichernder Sechser.

Der Bock sichert im Dunkeln, vor sich die Forststraße als helle Lichtbrücke. Er sieht den Jäger draußen, aber dieser sieht ihn nicht.

Wegen oder an deren Rändern äsende Rehe erleben wir beim Ansitz auch, aber nur dann, wenn die Rehe in Ruhe anwechseln und ausreichend lange sichern konnten. Dabei kommt ihnen bei fast allen vertikalen Strukturen der Wind entgegen, der hier besonders unberechenbar ist.

Manche dieser Trennlinien müssen von den Rehen beim Wechseln zwischen Äsungs- und Ruhefläche einfach überschritten werden. Bestes Beispiel ist der Waldrand. Andere können überschritten oder auch umgangen werden. Jedenfalls handelt es sich immer um Örtlichkeiten, an denen die Rehe – wenn möglich – erhöhte Vorsicht walten lassen. Und genau dort warten wir Jäger bevorzugt auf sie!

Auf den Punkt gebracht

- Rehe fühlen sich in Deckung am sichersten. Das gilt besonders bei der Fortbewegung. Deckung wird auch durch Mangel an Licht ersetzt.
- Rehe verhalten sich an Lichtbrücken (Straßen, Wege, Abteilungslinien, Bestandsränder) besonders vorsichtig. Sie nähern sich diesen bevorzugt in Deckung (Dickungen, Stangenhölzer, Althölzer mit Verjüngung) und überqueren sie meist rasch.
- Lichtbrücken bieten häufig ein erhöhtes Äsungsangebot auf Banketten, Böschungen und in den Bestandsrändern, das vom Rehwild gerne genutzt wird. Rehe reagieren dort auf wiederholte Störungen (Anwesenheit des Jägers, Jagd) besonders empfindlich und nutzen sie dann überwiegend in der Nacht.

Aber: Wo wächst beste Äsung?

Bei allen Vorbehalten gegenüber dem Ansitz an Grenzlinien muss aber auch erkannt werden, dass auf und an Grenzlinien oft besonders viel und begehrte Äsung wächst. Entscheidend ist der Faktor Licht. Ob Naturverjüngung oder krautartige Pflanzen: Im Licht wächst mehr als im Dunkeln – im Bestandesinneren. Das macht Lichtbrücken für Rehe selbstverständlich attraktiv, und sie nutzen sie. Das tun sie vorzugsweise in der Nacht, aber auch bei Licht, wenn sie nicht gestört werden. Es gibt Grenzlinien, die sind für Rehe relativ ungefährlich. Das können wenig kurvenreiche Forststraßen oder Wege sein, die es dem Wild gestatten, Feinde frühzeitig zu erkennen und – wenn notwendig – schnell zu verschwinden.

Somit kann es sich durchaus lohnen, direkt an einer wenig befahrenen oder „bewanderten“ Forststraße zu sitzen. Grundsätzlich fällt der Jäger dort weniger auf, wo sich auch andere Menschen regelmäßig bewegen – an Straßen und Wegen. Mitunter bietet es sich dem Jäger sogar an, „sich unters Volk zu mischen“, wenn er einen Sitz bezieht *(siehe auch Abbildung auf Seite 107)*. Es mag erbaulicher sein, möglichst weitab von der nächsten Forststraße zu sitzen. Doch wenn der Jäger zu einem an der Forststraße stehenden Sitz geht, stört er in der Regel weniger, als wenn er zu einem weiter drinnen im Bestand befindlichen Sitz geht. Unter Umständen macht er von der Straße aus mehr Beute als abseits der Straße!

Ein Beispiel aus der Praxis:
Die Forststraße wird vom Publikum stark genutzt. „Störungsfrei“ sitzen kann der Jäger am Abend auf der Kanzel dort nicht. Stünde die Kanzel hinten in der Ecke, würde das Publikum weniger stören, aber er müsste erst einmal dort hinkommen *(gepunktete Linie)*. Eine weitere Möglichkeit wäre, den hinteren Sitz quer über den Schlag anzugehen und wieder zu verlassen. Das wäre wohl die größte Störung. Am geringsten stört der Jäger die Rehe sicher dann, wenn er die an der Forststraße stehende Kanzel nutzt – auch wenn sich das Wild bevorzugt hinten aufhält!

Generationensitze

Im Waldesinneren stehen Hochsitze eher selten über Jahrzehnte hinweg auf demselben Platz. Die Situation ändert sich; die Sitze wachsen ein, die Sicht schwindet. Am klassischen Waldrand werden baufällige Sitze meist ohne nennenswerte Platzveränderung durch neue ersetzt. Das kann durchaus sinnvoll sein, weil sich an der grundsätzlichen Situation auch im Laufe von Jahrzehnten nichts geändert hat. Wir sehen eben vom gewählten Standort des Sitzes auch in jene sonst verborgene Mulde und hinter jene Waldecke …

Doch nicht nur wir wissen, wo Opa schon erfolgreich jagte; Rehe wissen auch, wo schon (ihr) Opa starb … Sie haben diese jagdlichen Traditionsstandorte im Laufe von Rehgenerationen kennen und sich merken gelernt. Den meisten Rehen ist ein relativ kurzes Leben beschieden. Erfahrung im Umgang mit uns Jägern müssen sie erst sammeln. Jene Rehe, denen es gelungen ist, drei oder gar vier Jahre Erfahrung zu sammeln und zu überleben, haben Chancen, wirklich alt zu werden. Sie sind weit cleverer als wir! Das spiegelt sich in den Rehwildstrecken: Je intensiver gejagt wird, umso niedriger das Durchschnittsalter der erlegten Rehe! Der Jäger aber jammert, es seien keine alten Rehe mehr da. Es sind noch welche da – jene, die schneller gelernt und kapiert haben als er!

Hinzu kommen noch die unserer Zeit und dem Fortschritt geschuldeten Veränderungen, die da sind: Erholungsuchende, gerade während der abendlichen Ansitzstunden; eine Landwirtschaft, die der Nachtarbeit frönt, und schließlich wir Jäger selbst, besonders in der Form der spätabendlichen „Gummibirschler".

Gummibirschler verweisen immer wieder darauf, dass die Rehe vor ihnen und ihren Fahrzeugen wenig Scheu zeigen. Das trifft jedoch mancherorts überhaupt nicht zu. Aber: Gummibirschler sehen auch nur die Rehe, die sie sehen. Jene, die etwas erfahrener sind und solche Flächen meiden, sehen sie nicht!

Die Rehe reagieren, sie versuchen auszuweichen, meiden die Nähe der Sitze oder bevorzugen den Schutz der Nacht.

Wie können wir reagieren? Indem wir solche Sitze nicht überstrapazieren, indem wir uns selbst beschränken. Damit haben ein Eigenjagdbesitzer, ein Einzelpächter, eine kleine, sich verstehende und absprechende Pächtergemeinschaft oder ein Birschbezirksinhaber wenig Probleme. In Jagdgesellschaften hingegen sind solche der Vernunft geschuldete Selbstbeschränkungen manchmal schwer bis gar nicht durchzusetzen. Es bleibt nur noch die Möglichkeit, den geschrumpften Anblick den Nichtjägern und dem viel zu hohen Abschuss anzulasten.

Mit dem Rücken zur „Wand"...

Schon komisch, wie wenig wir Jäger uns manchmal beim Bau eines Hochsitzes denken! Gerade an Waldrändern, egal ob innen oder außen, wird so gebaut, dass sich der Jäger erst einmal zeigen muss. Der Grund: Die Leiter wird meist von der Seite und manchmal gar von vorne geführt. Das heißt, der Jäger dreht der offenen Fläche den Rücken zu. Er sieht nicht, was sich hinter ihm abspielt. Oft stehen die Rehe ja schon heraußen, wenn er seinen Sitz besteigt, das heißt, er muss sie im Auge behalten, muss erkennen, wenn er stillhalten muss oder sich weiter nach oben schieben darf.

Noch kritischer ist bei falscher Bauweise der Abstieg. Da muss ich einfach die Fläche im Auge haben, auch und gerade wenn das Licht schon stark nachgelassen hat. Gar nicht selten spielt der Zufall so, dass ein Schuss von der Leiter aus noch möglich wäre, würde sie nur richtig stehen. *(Mehr dazu in „Jägerhandwerk".)*

Handelt es sich bei der Ansitzeinrichtung ohnehin nur um eine Leiter, scheinen sich diese Überlegungen zu erübrigen. Sie tun es nicht, denn es gibt ja auch die Möglichkeit, eine Leiter mit Innenaufstieg zu bauen. Dann hat der Jäger die Fläche und das auf ihr stehende Wild wieder im Blick.

Nicht gerade günstig:

Ein relativ hoher Sitz, der den Jäger aus dem Wind heben soll, und eine Leiter, die ihn dem sichernden Wild denkbar lange beim Auf- und Abstieg präsentiert, ohne dass er das Wild sieht oder gar schießen kann.

Hoch hinaus:

Diese Kanzel hat den Aufstieg zwar von hinten. Sie wirkt dennoch eher wie das Geburtstagsgeschenk an einen alten Jäger, das die Kosten fürs Pflegeheim ersparen soll …

Gut gebaut:

Eine Kanzel, wie sie fürs Rehwildrevier meist ausreicht: nicht besonders hoch und der Aufstieg von hinten. Der Jäger hat die Fläche beim Auf- und Abstieg im Blick.

Natürlich gibt es Situationen, in denen wir uns derartige Überlegungen grundsätzlich ersparen können, einfach weil der Jäger nicht von hinten an seinen Sitz heran kann, weil er vielleicht so oder so über die Wiese oder außen am Waldrand entlang muss. Aber das ist nur ein Grund mehr, sich vor dem Bau einer Ansitzeinrichtung Gedanken über diese zu machen.

Rein in den Bestand?

Es gibt viele Situationen, in denen es sinnvoll ist, in den Beständen drinnen auf die Rehe zu warten. Manchmal müssen wir mit einfachen Pflegemaßnahmen etwas nachhelfen. Da ist beispielsweise eine kaum begangene Abteilungslinie, die zwei Dickungsblöcke trennt und die vielleicht auch noch grob in Südwestrichtung läuft. Dickung oder Kultur sind deshalb vorteilhaft, weil sie viel weniger Schatten werfen als ältere Bestände. Die Richtung garantiert uns zusätzlich ein Maximum an Sonne. Derartige Abteilungslinien durchschneiden den Wald manchmal auf Kilometer. Uns genügt eine Büchsenschusslänge, also nicht mehr als hundert Meter.

Wir nehmen uns einen Abschnitt vor, den wir jederzeit gut und ohne große Störung erreichen. Den mähen wir jeden Sommer ein- oder auch zwei Mal und werfen das Mähgut in den Bestand. Das ideale Gerät ist hier ein einachsiger Balkenmäher, mit dem man auch eventuell vorhandenen groben Steinblöcken oder Wurzelstöcken ausweichen kann. Wenn wir jetzt noch mit etwas Phosphor und Kali nachhelfen, entwickelt sich – genügend Licht vorausgesetzt – eine für die Rehe interessante Kräuterflora. Sie werden also in diesem Abschnitt lieber äsen als dort, wo nicht gemäht wird. Was wir jetzt noch brauchen, ist eine passende Ansitzeinrichtung und die Möglichkeit, diese möglichst störungsarm zu erreichen und ebenso zu verlassen.

Ein vielversprechender Ansitzplatz.

Das in den Weg hängende Laubholz schneiden wir etwas zurück (Waldbesitzer oder Förster fragen!), die bei der letzten Holzrückung liegengebliebenen Äste räumen wir zur Seite, und die Radspuren ebnen wir ein. Fertig ist die Fläche für die Mahd! Den Hochsitz im Hintergrund müssen wir aber unbedingt von der anderen Seite aus erreichen.

Auch Erdwege, die oft nur alle paar Jahre zur Holzrückung verwendet werden und danach wieder still vor sich hinträumen, eignen sich. Werden sie längere Zeit nicht mehr benutzt, stellt sich eine Flora ein, aus der das Rehwild rasch die ihm besonders zusagenden Kräuter und Stauden herausselektiert. Andere, weniger attraktive Pflanzen gewinnen die Oberhand und dominieren. So verliert die Fläche für das Rehwild an Wert.

Wir können den Prozess mit geringem Aufwand umkehren, indem wir uns ein Teilstück säubern und vielleicht schon an den Rändern siedelnde Weiden und andere Gehölze entfernen. Meist muss man noch die bei der Holzrückung entstandenen Rad-

Erdweg – mit viel Fantasie für Rehe.
Ein gut gepflegter, südexponierter, im Bestand endender Erdweg, den die Rehe auch bei Tage gerne aufsuchen.

spuren etwas einebnen. Damit lenken wir die Rehe dorthin, wo wir sie haben wollen. Auch die laufenden Pflegemaßnahmen sind – wie bei den Abteilungslinien – bescheiden. Wir müssen nur ein- oder eventuell auch zwei Mal mähen und das Mähgut von der Fläche räumen. Die Mahd verhindert den Anflug von Gehölzen und hält die Stauden zurück. Begünstigt werden die auch in Wiesengesellschaften vertretenen Kräuter, Unter- und Mittelgräser. Durch relativ späte Mahd, nämlich erst im Juli, sorgen wir dafür, dass sie zur Versamung kommen.

Natürlich wollen und sollen wir an der Fläche auch jagen. Allerdings ist es gut, wenn wir unsere Ansitzeinrichtung nicht direkt bei der Fläche bauen, sondern ein Stück entfernt. Halt so, dass die Fläche noch im bequemen Schussbereich liegt. Wichtig ist, dass wir sie ohne große Störung erreichen und auch wieder verlassen können. Ein Salzstock wertet die Fläche zusätzlich auf. Wer jetzt ständig dort sitzt, entwertet sie wieder. Je rarer wir uns machen und je weniger es dort schießt, umso vertrauter und zuverlässiger wird das Rehwild erscheinen. Zehn Ansitze pro Jagdjahr sollten genügen, denn wir haben ja sicher mehr als eine attraktive Fläche im Revier.

Warten, bis sie gut angenommen ist, dann ein oder zwei Mal sitzen und möglichst mehrere Rehe erlegen. Das geht gerade im Frühherbst – solange die Bindung zwischen den Geißen und ihren Kitzen noch hoch ist – relativ leicht. Fällt auf der Fläche ein Kitz, springt die Geiß zwar ab, hält aber fast immer Nachschau. Einfach still sitzenbleiben und warten. Läuft uns das Licht davon, riskieren wir den Kitzfiep. Das hilft fast immer.

Trotz der noch engen Bindung äsen Kitze schon im September oft alleine. Ebenso oft zieht aber die Geiß voraus, während sich die Kitze noch im Einstand aufhalten. Die Spinne ist längst nicht mehr zu sehen, und so kann es – wenn sich die Kitze allzu viel Zeit lassen – durchaus zu Fehlentscheidungen kommen. Es liegt dann eine führende Geiß. Passiert das in der Früh und können wir es uns zeitlich einrichten, bleiben wir einfach still sitzen. Auch ein zweiter Ansitz am späteren Vormittag zeigt uns ziemlich sicher das oder die Kitze. Und auch hier können wir mit dem Blatter nachhelfen. Passiert unser Malheur am Abend, sitzen wir möglichst am nächsten Morgen dort. Die Kitze werden sich nicht weit entfernen und immer wieder Nachschau halten.

Wo genug Licht vordringt, kann es sich lohnen, vorübergehend in gleicher Weise nicht genutzte Holzlagerplätze etwas herzurichten. Meist hat die Holzrückung schon für ein Minimum an Bodeneintrag gesorgt. Jetzt einfach etwas einebnen und eine Klee-Einsaat riskieren. Am besten wächst auf solchen Extensivstandorten der trittfeste Weißklee. Er ist allerdings beim Rehwild nicht so beliebt wie der kurzlebige Rotklee. Also mischen wir das Saatgut.

Wo immer eine Forststraße neu gebaut wird, gibt es anfangs noch unbewachsene Flächen. Das können schmale Bankette oder breite Böschungen sein, jedenfalls werden wir aktiv. Was wir nutzen können, sind Rohböden, daher dürfen wir keine allzu großen Erwartungen haben. Hafer und Raps als Pionierpflanzen sind hier gerade richtig. Am besten noch etwas Klee dazu. Daueräsungsflächen können wir damit nicht schaffen, denn der Hafer wird nicht zur Versamung kommen, und auch vom Raps wird im Folgejahr nicht mehr viel erscheinen. Die ortsübliche Wildflora wird die Fläche nach und nach übernehmen. Aber bis dahin haben wir wieder eine Möglichkeit geschaffen, Wild zu sehen und zu bejagen.

Auf eine einfache Möglichkeit, Rohböden erfolgreich einzusäen, sei noch hingewiesen. Wir säten die Fläche mit Pionierpflanzen ein (Raps, Hafer, Waldstaudenroggen), gaben vielleicht noch etwas Klee dazu und überdeckten das Saatgut einfach mit Grünschnitt. Dieser schützte das nicht eingearbeitete Saatgut und später die Keimlinge vor Trockenheit und Abschwemmung und bildete mit seiner Verrottung ein Minimum von Humus.

Einsaat auf einem Holzlagerplatz.

Etwas Saatgut und Mineraldünger, und auch der im Moment nicht benötigte Holzlagerplatz wird für die Rehe – und den Jäger – interessant.

Auf den Punkt gebracht

- Es geht uns bei den hier gemachten Vorschlägen nicht darum, möglichst viel Äsung zu schaffen. Vielmehr wollen wir attraktive Punkte im Revier, bei denen wir die Rehe sehen und auch bejagen können.
- Solche Flächen gewinnen an Wert, wenn wir sie sparsam nutzen.

Raus aus dem Bestand

Auf der Jagd gibt es kaum schwarz oder weiß. Dafür gibt es unendlich viele Sondersituationen. Wir haben ja schon über all die Unwägbarkeiten am Waldrand gesprochen, manchmal zieht es uns aber auch geradezu dorthin. Vielerorts dominieren eintönige Fichtenwälder, aber am Waldrand steht die eine oder andere Eiche. Hat eine solche im Herbst Mast abgeworfen, wird sie selbst im Winter noch regelmäßig von den Rehen aufgesucht. Das ist eine Zeit, in der die dem Wald vorgelagerten Wiesen den Rehen längst nichts mehr bieten. Daher sieht sie der Jäger auch kaum noch; sie kommen meist spät, und da die Eichen Teil des Waldrandes sind, werden die Rehe oft selbst dann nicht gesehen, wenn sie anwesend sind. Da kann es sich durchaus lohnen, schon beizeiten unter den Eichenkronen etwas freizumachen.

Eichen finden wir mitunter auch weit außerhalb des Waldes, etwa als Wahrbäume mitten im Feld, in Viehweiden oder entlang von Gewässern. Sie alle werden in Mastjahren gerne von den Rehen aufgesucht; dies häufig, ohne vom Jäger gesehen zu werden. Sie verlassen am Abend erst spät den Wald und lassen sich Zeit. Da bringt der Abendansitz in der Nähe der Eichen und selbst am Waldrand oft nichts bis wenig.

Eichelsegen.
Wo am Waldrand oder im Feld einzelne Eichen stehen, halten die Rehe – solange es der Schnee zulässt – den ganzen Winter hindurch Nachschau. Sie schlagen mit den Vorderläufen den Boden frei.

Zuerst überzeugt sich der Jäger, ob die Rehe in der Nacht die Eichen draußen im Feld aufsuchen. Er sucht nach Fährten und Losung, und vielleicht sind dort auch die Brombeeren oder andere Äsungspflanzen verbissen? Dann muss er sich Gedanken machen, welchen Weg die Rehe am Morgen nehmen, wenn sie zurück in den Wald wechseln. Liegen die Äcker im Herbst brach, findet er vielleicht die Fährten. Manchmal gibt es mehrere Möglichkeiten. Da kann es sinnvoll sein, bei Tagesanbruch von der Straße aus im Auto sitzend zu beobachten, wohin die Rehe ziehen, wo sie den Wald annehmen. Am nächsten oder eben an einem anderen Morgen setzt man sich an passender Stelle am Waldrand an und wartet, bis die Rehe einziehen. Gelegentlich bietet sich auch im Feld eine sinnvolle Ansitzmöglichkeit. Da liegen vielleicht irgendwo Siloballen im Feld; irgendwo steht noch ein alter Stadel; es gibt eine Hecke, vielleicht sogar einen Hochsitz, der sich in der Früh unbemerkt beziehen lässt.

Gibt es für die Rehe mehrere Möglichkeiten, also sinngemäß ein Waldstück im Osten und eines im Westen, verabredet man sich mit einem zweiten Jäger und sitzt getrennt an.

Nicht nur Eichen ziehen im Herbst und Winter (so ab September) die Rehe an, auch Apfelbäume tun das. In der maschinengerechten Agrarlandschaft werden sie zwar zusehends seltener, damit aber auch begehrter. Mancherorts finden wir sie noch entlang der Ortsverbindungsstraßen und Güterwege oder auch weit draußen bei einzeln stehenden Gehöften. Für sie und für die Bejagung der sie aufsuchenden Rehe gilt, was schon vorstehend bei den Eichen gesagt wurde.

An der Forststraße

Forststraßen mögen im Rotwildrevier anders gesehen werden, aber im Rehwildrevier sind sie hilfreich. Rehe orientieren sich an ihnen, nutzen die reiche Vegetation, die auf den Banketten der Straßen und noch im Randbereich der angrenzenden Bestände wächst. Forststraßen sind Sichtbereiche, die uns immer wieder Rehe zeigen, wenn auch oft nur kurz. Dass Forststraßen keine rehfreien Revierteile sind, sehen wir zumindest im Winter – im Schnee.

Gut, in manchen Revieren finden wir auch an Forststraßen den einen oder anderen Hochsitz. Manche stehen dort, weil man von ihnen in einen angrenzenden Bestand schauen kann, andere stehen aber auch am hohen Trauf, ohne nennenswerten Einblick in das Rechts und Links der Straße. Da kreuzt halt irgendwo ein Wechsel die Forststraße. Doch halt, zum „Rehwildwechsel" müssen erst noch ein paar Worte verloren werden. Viele Jäger glauben tatsächlich, Rehe hätten fixe Wechsel, an die sie sich, wenn sie von A nach B kommen wollen, akribisch halten. Das ist so aber nicht der Fall. Natürlich finden wir draußen mehr oder weniger ausgetretene Rehwechsel, aber Rehe bewegen sich ebenso in den Bereichen rechts und links der Wechsel. Das ergibt sich schon aus ihrem Beruf und den mit diesem verbundenen „Arbeitsbedingungen" – sie sind Konzentratselektierer! Sie ziehen im Bestand umher und sammeln ihre Nahrung ein; hier ein Blättchen und dort drüben eines. Wenn sie zwanzig Meter neben dem, was wir „Wechsel" nennen, Himbeerblätter naschen, kehren sie danach nicht unbedingt auf den Wechsel zurück, nur weil wir uns das einbilden. Da leuchten vielleicht hinter den Himbeeren noch ein paar Hasenlattichblüten aus dem Halbdunkel des Waldes. Und schwupps sind sie dort und kreuzen unsere Forststraße weit abseits des Wechsels. Den gibt es, weil sie auf ihm halt häufiger unterwegs sind oder weil genau dort Bewuchs und Bodenverhältnisse ihre Schalenabdrücke besser darstellen oder weil genau dort attraktive Pflanzen wachsen. Halbwegs zuverlässige Wechsel finden wir an steilen Böschungen, womit wir wieder an der Forststraße wären.

Grundsätzlich aber müssen wir – wenn wir an einer Forststraße sitzen – damit rechnen, dass die Rehe heute hier und

Auf den Punkt gebracht

- An Forststraßen fallen häufig benutzte Rehwildwechsel auf und sind leicht zu finden.
- Baut man sich dort eine Ansitzeinrichtung, soll die Straße in Schussrichtung weithin einsehbar sein. Stark vom Publikum genutzte Straßen eignen sich nicht, oder nur am frühen Morgen.
- Stellen, an denen der Bestand etwas „ausgefranst" ist, mögen die Rehe lieber als glatte Ränder, weil sie nicht so unvermittelt aus dem Bestand ins Freie treten. Der Jäger sieht sie früher und hat gleichzeitig einen Kugelfang.

Das Interesse ist geweckt!
Mit ein paar Maiskörnern, etwas Hafer oder noch besser Eicheln bringen wir die Rehe neben der Forststraße zum Verhoffen. Je sparsamer wir streuen, umso länger „binden" wir die Rehe!

morgen dort kommen. Das wäre so schlimm auch nicht, hätten die Rehe nicht die Angewohnheit, Forststraßen möglichst zügig zu überqueren. Wir haben ja schon Einiges über die sogenannten Lichtbrücken und ihre Wirkung auf Rehe gehört. Wir müssen sie folglich langsam machen oder den Trauf so gestalten, dass wir sie schon sehen, ehe sie über die Straße wechseln. Langsam werden die Rehe besonders dann, wenn ein für sie interessanter Geruch ihre Aufmerksamkeit erregt oder sie etwas Schmackhaftes finden. Schon ein paar wenige Mais- oder Haferkörner, regelmäßig in den Bestandsrand geworfen erfüllen ihren Zweck. Meist werden sie schnell von Hähern und Kleinvögeln eingesammelt. Die Rehe finden dann – außer der Witterung – kaum noch etwas. Doch sie halten regelmäßig Nachschau, ehe sie die Straße überqueren, und das genügt. Wir sehen sie, sind vorgewarnt und haben Zeit, uns zu richten.

In Kärnten habe ich erlebt, dass Jäger Maiskörner in einer Mischung aus Wasser und Maggi-Suppenwürze einen oder zwei Tage quellen lassen, ehe sie damit kirren (Anmerkung am Rande:

Das Ankirren von Schalenwild, ausgenommen Schwarzwild, ist dort verboten). Man kann auch einfach etwas Suppenwürze aufs Laub tröpfeln. Auch sie weckt das Interesse der Rehe, allerdings erlischt das Interesse sehr schnell, wenn die Rehe außer der recht intensiven Witterung nichts finden. Wer im Frühherbst Eicheln sammelt, kann mit diesen sparsam im Spätherbst oder Frühwinter kirren. Einfach dort, wo die Rehe die Straße queren, hin und wieder zwei Hände Eicheln werfen. Wer zu viel wirft, lockt nur die Häher damit an. Für Eicheln lassen sich die Rehe gerne etwas Zeit und scheuen dann auch die hellen Wegbankette nicht.

Noch etwas sollten wir beachten: Rehe verlassen den Trauf gerne dort, wo er etwas aufgelockert ist. Sie scheuen die glatte Front mehr als den „ausgefransten" Bestandsrand.

Wo erlaubt: die Kirrung

Was ist eine Kirrung? Nicht jedes deutschsprachige Jagdgesetz definiert den Begriff. Manche beschreiben sie als Angebote kleiner Futtermengen, die dem Anlocken und Erlegen des Wildes dienen sollen, ausschließlich während der Jagdzeit. Mancherorts sind Kirrungen verpönt, anderen Ortes werden sie gepriesen. Ob weidgerecht oder nicht, darüber darf diskutiert werden. Saukirrung und Luderplatz werden allgemein gutgeheißen…

Da steht beispielsweise eine Eiche im Feld, zu der die Rehe ziehen und dort von uns erlegt werden. Dagegen hat niemand etwas einzuwenden. Was, wenn wir im Dezember noch einen Eimer im Oktober gesammelte Eicheln unter genau diese Eiche werfen? Dann kirren wir bereits, und das ist auch dann verboten, wenn der Abschuss nicht erfüllt wird und eine Strafanzeige wegen Waldvernichtung vorliegt. Viele eine Kirrung ablehnende Jäger werden auch das irgendwie akzeptieren. Was aber, wenn wir die im Eimer befindlichen Eicheln einfach am Waldrand in die Wiese kippen oder sonst eben irgendwo vor einen Hochsitz?

Und wo ist der Unterschied bei den Äpfeln? Fallen sie vom Baum ins Gras, ist es völlig in Ordnung, dort ein Reh zu erlegen. Sammeln wir einen Teil von ihnen auf und werfen diesen unter einen anderen Baum, kümmert sich die Ehrengerichtsbarkeit um uns, und wir werden eventuell öffentlich gebrandmarkt!

Warum darf man Sauen auch dort kirren, wo sie höchst selten einmal ihre Fährte ziehen, Rehe aber selbst bei hohen Verbissschäden und chronischer Nichterfüllung der Abschusspläne nicht?

In Süddeutschland wird seit jeher ein erheblicher Teil der Rehe an Kirrungen erlegt. Außer Bayern haben alle deutschen Bundesländer auch Kirrverordnungen. Auch in der Schweiz wird teilweise gekirrt. Die Kirrung hat aber keine so große Bedeutung; an ihre Stelle tritt dort die Treibjagd, inklusive jagender Hunde und Schrotschuss.

Das beliebteste und wahrscheinlich auch beste Kirrmittel ist Apfeltrester. Natürlich nehmen Rehe auch gerne Mais, ebenso Äpfel und mancherorts sogar Kartoffel. Aber der Apfeltrester schmeckt ihnen nicht nur, er duftet auch und hat eine hohe Lockwirkung. Trotzdem verliert die Kirrung an Wirkung, wenn sie missbraucht wird, das heißt, wenn ständig bei ihr gehockt und geschossen wird. Die Rehe kommen dann oft erst sehr spät, dann, wenn auch bei Schnee nicht mehr sicher angesprochen und geschossen werden kann. Manche Jäger legen deshalb gleich mehrere Kirrungen an, um nicht zu häufig an einer bestimmten zu sitzen. Auch das ist eher kontraproduktiv, denn die Wirkung der Kirrung beruht darauf, dass sie den Rehen etwas bietet, das sie sonst nicht oder eben nicht überall finden.

Wenn schon Kirrung, dann mit Überlegung! Dass wir sie ohne groß zu stören erreichen und ebenso wieder verlassen wollen, ist eh klar. Der nächste Einstand soll nicht zu weit entfernt sein. Wir wollen aber auch nicht direkt am Dickungsrand kirren. Es ist gut, wenn auch nicht unabdingbar, wenn wir die Rehe kommen sehen. Das bietet die Möglichkeit, schon einmal grob

Weg vom Waldrand!

Wer auf einer Freifläche kirrt, muss unbedingt mindestens zehn Meter vom Waldrand abrücken. Das erleichtert nicht nur das Erkennen von Schusszeichen, sondern ermöglicht auch eher Dubletten.

anzusprechen – Geiß, Kitz, Kitz, Bock … Es ist gut, wenn das Kirrfutter so weit vom dunklen Rand entfernt ist, dass wir die Rehe noch vor etwas hellerem Hintergrund haben. Das erleichtert nicht nur das Schießen, wir erkennen auch das Zeichnen besser, wenn ein beschossenes Reh noch abspringt. Vor allem aber haben wir eher die Möglichkeit, ein zweites Mal zu Schuss zu kommen, also Kitz und Geiß zu erlegen. Das reduziert den Jagddruck und erhält die Wirkung der Kirrung. Rehe stellen sehr schnell Zusammenhänge zwischen wohlriechendem Apfeltrester, Schuss und Jäger her. Eine Geiß, die zwei Mal erlebt, wie ein anderes Reh an der Kirrung stirbt, wird verdammt vorsichtig!

Ansitzhütte, auf einen Pkw-Hänger montiert, an einem Kirrplatz im Allgäu.

Gekirrt wird auf einer Abteilungslinie, die durch ein lockeres Stangenholz führt. Hier sind die Rehe besonders vertraut, doch ist es ohne leichte Schneebedeckung schnell zu dunkel.

Rehe richtig kirren	
Platzwahl	Keine Störung durch Publikum; auf Freiflächen möglichst 10 Meter vom Waldrand abrücken. Im Wald angehende Baumhölzer oder Althölzer mit etwas Verjüngung oder Brombeere.
Kirrdichte	1 Kirrung pro 100 Hektar Wald, maximal 2.
Kirrfutter	Für Rehe grundsätzlich Apfeltrester oder Äpfel verwenden. Getreide zieht Mäuse und Kleinvögel an (Verschmutzung).
Ansitzeinrichtung	Gut vom Weg aus erreichbar, auf dem Boden besser als erhöht, überdacht und möglichst auf drei Seiten geschlossen (macht vom Wind unabhängig).
Beschickung	Nie mehr als etwa 1 Eimer Trester oder Äpfel auf einmal kirren (Kirrverordnungen der einzelnen Länder beachten!).
Nutzung	Immer warten, bis Kirrung zuverlässig angenommen wird, zwei Wochen sind besser als eine. Rehe müssen Erfahrung sammeln, dass – trotz menschlicher Witterung – nichts passiert.
Ansitzzeit	Möglichst früh sitzen, im Wald nicht später als 15 Uhr, außerhalb nicht später als 16 Uhr. Kirrungen auf Kulturflächen u. ä. sind auch an sonnigen Vormittagen interessant.
Erlegtes Wild	Am Kirrplatz nicht aufbrechen!
Pausen	Nach jedem Jagderfolg zwei Wochen Pause einlegen.

Es muss keine Freifläche sein, auf der gekirrt wird. Gut geeignet sind auch junge Baum- und Althölzer. Es bedarf auch keines hohen Sitzes; je höher man klettern muss, umso leichter wird man dabei entdeckt. Vorteilhaft sind niedrige Sitze, kaum höher als 2 Meter, überdacht und auf drei Seiten geschlossen. Das macht uns vom Wind unabhängiger. Überdies werden unsere Bewegungen nicht so leicht bemerkt wie auf offenen Sitzen.

Erlebt

Vor vielen Jahren rief – es war schon Ende Oktober – ein Jagdvorsteher aus dem Allgäu an und bot mir für den Rest des Jagdjahres die kostenlose Bejagung eines kleinen Reviers im Vorgebirge an. Die beiden Pächter hatten noch kein einziges Stück erlegt und bekamen den Pachtvertrag fristlos gekündigt. Daher wurde für den Rest des Jagdjahres dringend ein „angestellter Jäger“ gesucht. Bezahlen könne man nichts, wohl aber dürfte ich das Wildbret behalten und könne im Frühjahr in einen neuen günstigen Pachtvertrag einsteigen. Ich ließ wissen, dass ich für den Rest der Jagdzeit sicher nicht mehr als drei Male, für jeweils einige wenige Tage kommen könne. Immerhin waren einfach knapp 500 Kilometer zu fahren.

Wir einigten uns, und ich fuhr hinaus. Einige halbverwahrloste Sitze waren vorhanden. Fahren konnte man aus Mangel an Wegen, alles war steiler Westhang, überhaupt nicht. Aber ich besorgte mir von einem Freund Apfeltrester und kirrte vor zwei halbwegs gut erreichbaren, gut 500 Meter auseinanderliegenden Sitzen. Kaum war der Trester draußen, wurde er vom Schnee zugedeckt. So fuhr ich zurück nach Kärnten. Doch schnell beruhigte sich das Wetter; es wurde kalt. So fuhr ich eine gute Woche später neuerlich hinaus. Vom Trester waren nur noch Krümel vorhanden, dafür war alles zertreten. Meine Hoffnung, in den drei zur Verfügung stehenden Tagen das eine oder andere Reh zu erlegen, verlor an Kraft. Egal, es half nichts, ich musste wohl oder übel. Es war eine offene, gut hundertfünfzig Meter unterhalb des Waldes an einer Esche stehende Leiter, die ich bezog. Der sanfte, aber eisige Wind stand talwärts. Also schlüpfte ich in den Ansitzsack und zog die Wollmütze über die Ohren.

Kurz nach vier Uhr kam ein Bock über die Viehweide heruntergezogen und hielt an der Kirrstelle Nachschau, stand einige Zeit unschlüssig herum und bettete sich schließlich. Ein allerletzter roter Schimmer am Gipfel des Grünten, und die für den

Ansitz verbleibende Zeit vertröpfelte. Es ging auf fünf Uhr zu, da kamen von oben, immer wieder stehenbleibend und mit den Läufen die Viehweide freischlagend, Geiß und Kitz. Es wäre schon leicht gegangen, doch ich wartete. Die beiden schauten immer wieder hinauf; irgendwer musste noch unterwegs sein. Schließlich setzten sich beide wieder in Bewegung, und da erschien oben ein weiteres Reh – Geiß oder Schmalgeiß.

Ich hatte mich inzwischen, jede Gewichtsverlagerung auf der alten Leiter vermeidend, schussfertig gemacht, überlegte, wen ich zuerst nehmen wollte. Vielleicht erst das Kitz, darauf hoffend, dass die Geiß vorm Waldrand noch einmal stehenbleiben und Breitseite zeigen werde? Sollte ich mir untreu werden und erst die Geiß packen, um dann das Kitz ziemlich sicher auch noch zu bekommen? Und da war ja auch noch der vor mir gebettete abgeworfene Bock; wie würde er reagieren? Würde er beim ersten Schuss hochschnellen und die beiden anderen Rehe mitnehmen? Ich entschloss mich, zuerst das einzelne, dem Waldrand noch relativ nahe Reh zu nehmen, und dann schnell nachladen. Lag das Obere, hatte ich gute Chancen noch einen zweiten, vielleicht gar einen dritten Schuss loszuwerden.

Gesagt getan. Das beschossene Reh versank einfach im Schnee. Um es von unten unsichtbar zu machen, genügten knappe zwanzig Zentimeter. Dabei hatte ich von meiner Leiter aus immer noch den günstigeren Blickwinkel. Das sich am Berghang mehrfach zerschlagende Echo schien die drei verbliebenen Rehe zu irritieren. Der Bock stand augenblicklich auf und äugte kritisch zu der Geiß mit ihrem Kitz. Diese beiden äugten ebenso kritisch herunter. Noch standen beide ziemlich spitz, das wollte ich nicht, und auch Trägerschüsse sind mir suspekt. Doch dann drehte sich das vielleicht zwei Meter hinter der Geiß stehende Kitz und brach im Schuss ebenfalls zusammen. Das war dem kaum dreißig Meter neben der Leiter stehenden Bock denn doch zu viel. Er schreckte kurz und flüchtete hinauf, dabei die Geiß mitnehmend. Die aber verhoffte auf der Höhe des zuerst erlegten

Stückes, brach im Schuss zusammen, wurde noch einmal kurz hoch, um zehn Meter tiefer oder ein paar Sekunden später das Leben auszuhauchen. Drei der zehn zu erlegenden Rehe lagen, fast ein Drittel dessen, was der Abschussplan vorgab!

Ich holte und versorgte die drei Rehe und machte mich dann mit etwas Apfeltrester in einem Müllsack auf den Weg zur zweiten Kirrung. Inzwischen war es dunkel geworden. Ich schlug mehrfach die Autotür zu und redete in Ermangelung eines anderen Gesprächspartners laut mit der Nacht. Sollten Rehe schon bei der Kirrung oder auf dem Weg zu dieser sein, sollten sie mich frühzeitig bemerken und das Feld räumen. So laut, wie ich hinaufstieg, so laut machte ich mich auch wieder auf den Rückweg.

Am folgenden Spätnachmittag saß ich dort, sah schon beim Anwechseln, dass der Trester auseinandergeschlagen war. Das sah gut aus! Dieses Mal saß ich in einem Bodensitz, direkt an einem Viehzaun; er war leidlich in Ordnung und mir lieber als eine Leiter. Meist hat man in einem überdachten und auf drei Seiten zugeschalten Bodensitz wenig Probleme mit dem Wind, und das Knarren einzelner Hölzer entfällt auch.

Doch obwohl die Kirrung schon in der ersten Nacht gut angenommen worden war, saß ich relativ lange. Es dämmerte bereits stark, als von oben Geiß und Kitz anwechselten. Ich ließ sie bis auf kaum mehr als dreißig Meter herankommen. Schon stand der Zielstachel auf dem Blatt der Geiß, dann kamen – entgegen der Überzeugung, dass nicht viel schiefgehen konnte – doch wieder die altgepflegten Skrupel, und ich schoss das Kitz. Das Mündungsfeuer aus dem kurzen Lauf blendete, aber schnell erkannte ich den dunklen, im Schnee liegenden Wildkörper. Die Geiß aber sprang ab, stürmte zum Wald hinauf, doch noch ehe dieser sie aufnahm verhoffte sie, drehte sich, zog zaghaft ein Stück zurück, zögerte, und war im Begriff, neuerlich zu drehen, da erwischte es auch sie. Den halben Abschuss hatte ich zusammen.

Am dritten Abend, wieder in der kleinen Hütte, kam mir nur eine einzelne Geiß. Sie stand lange am Kirrplatz, scharrte und klaubte die letzten Tresterkrümel zusammen. Einerseits wollte ich sichergehen, dass nicht doch noch ein Kitz in ihrer Fährte kam. Andererseits hoffte ich – inzwischen von einem Hauch Größenwahn befallen – auf das eine oder andere weitere Reh. Direkt auf dem Kirrplatz wollte ich auch nicht schießen. So wartete ich, bis das Licht eine Entscheidung erzwang. Durchgefroren war ich inzwischen auch, und ein ruhiger Schuss fiel mir schwer, aber die Geiß stand nahe genug. Ein bisschen Zittern verkraftete die Distanz. Sie lag, schlug noch ein paar Male mit den Läufen, dann war's vollbracht. Am nächsten Tag musste ich zurück nach Kärnten. Ehe ich fuhr, brachte ich noch einmal ordentlich Trester aus. Eine knappe Woche später wollte ich wieder da sein.

Nachsatz: Kaum einen Kilometer weiter nördlich, in einem anderen Revier derselben Jagdgenossenschaft, wurde schon seit Jahren nach dem ersten Schnee fast ausschließlich an der Kirrung geschossen. Die Rehe waren dort unglaublich misstrauisch und erschienen erst in tiefer Nacht am Trester, zu einer Zeit, da legal nicht mehr geschossen werden durfte...

Sammelansitze

Private Jäger gefragt

Vor allem größere Forstbetriebe, die stark auf die Mithilfe privater Jäger setzen, hoffen auf den Erfolg von Sammelansitzen. Sie laden Jäger meist zum gemeinsamen Abendansitz ein. Die Überlegung ist, dass die Rehe ja irgendwo kommen müssen. Kommen sie nicht bei Hochsitz A, dann halt bei B oder C. Die Rechnung kann aufgehen, muss aber nicht. Zunächst einmal sind Sammelansitze denselben Unwägbarkeiten unterworfen wie jede andere Jagdart auf Rehe – Wind und Wetter spielen dabei eine Rolle und manche andere Faktoren auch. Häufig wird eine längere Strecke oder eine größere Einstandsfläche, etwa ein Windwurf, abgesetzt. Das ist organisatorisch die einfachste Lösung, bedeutet aber vielfach auch, dass Störungen zu den Nachbarsitzen weitergegeben werden. Die Rehe geraten sozusagen von einem schlechten Wind in den nächsten.

Wenn eine größere Zahl von Sitzen miteinbezogen wird, ist davon auszugehen, dass bei einigen der Wind nicht passt oder dass er sich während der Ansitzzeit ändert. Dann zieht er ganz

Auf den Punkt gebracht

- Nur die Sitze einbeziehen, die bei der herrschenden Wetterlage aussichtsreich erscheinen.
- Immer einen „Plan B“ bereithalten.
- Möglichst wenig im Revier herumfahren.
- Vor allem bei Kälte oder Wind nicht länger als zwei Stunden sitzen.

Wenn schon Sammelansitz, dann sollten auch die Jagdeinrichtungen vorbereitet sein! Nicht alle Jäger können zwei Stunden wirklich still sitzen. Da ist es gut, die Sitze zu verblenden.

schnell hin zu einem benachbarten Sitz oder in einen Einstand. Der Gedanke, „Irgendwo müssen sie ja kommen!“, hat in vielen Wäldern seine Berechtigung verloren, weil die Rehe innerhalb der Bestände satt werden und weil sie sich mit einem Standortwechsel Zeit lassen können, bis längst alle Jäger das Revier verlassen haben.

Ganz anders: die Anrührjagd

Auch wenn der Sprachgebrauch im deutschsprachigen Raum nicht einheitlich ist, so ist hier nicht die Riegeljagd oder Drückjagd gemeint. Vielmehr geht es um eine Ansitzjagd, bei welcher – je nach Größe des abgesetzten Bereiches – ein oder zwei

Durchgeher das Rehwild diskret in Bewegung zu bringen versuchen. In der Regel handelt es sich um einen verlängerten Frühansitz. Die Jäger sitzen im Herbst etwa 90 Minuten, ohne gewollte Beunruhigung. Daran schließt sich ein zweiter, etwa ebenso langer Ansitzblock an. Das ist die Zeit, in der das Rehwild von dem Durchgeher angerührt werden soll.

Als weiterführende Literatur, die ausführlichst auf das Thema „Riegeljagd" eingeht, sei auf das gleichnamige, ebenfalls im Österreichischen Jagd- und Fischerei-Verlag erschienene Buch verwiesen *(siehe auch Seite 224)*.

Der Unterschied zum normalen Sammelansitz in der Früh liegt in der Platzierung der Schützen. Ohne Anrührer setzt man auf aus- oder einwechselndes Wild. Da darf man ohne weiters auch am Waldrand oder an Linien innerhalb des Waldes absetzen. Soll der Durchgeher etwas bewirken, muss dort abgesetzt werden, wo der ansitzende Jäger eher das sich drückende Wild in Anblick bekommt.

Auf den Punkt gebracht

- Erst maximal zwei Stunden „ganz normaler" Frühansitz. Danach setzt sich ein Durchgeher mit möglichst kurz jagendem Hund in Bewegung. Dauer je nach bejagter Fläche noch einmal eine bis eineinhalb Stunden.
- Zeitpunkt am besten nach dem Laubfall und vor dem Schnee.
- Kriterien für die Standwahl ähnlich wie bei einer Riegeljagd.
- Schützen sollten ihre Stände auch in der Dunkelheit ohne fremde Hilfe finden, daher ortskundige Jäger bevorzugen.

Sammelansitz	
Wann?	Sammelansitz in Zeiten hoher Aktivität des Rehwildes und wenn gleichzeitig wenig falsch gemacht werden kann: Bevorzugt erste Maihälfte, zweite Septemberhälfte und nach dem ersten Schneefall oder stärkerem Nachtfrost im November oder Dezember.
Wie oft?	In der Regel nicht mehr als zwei Ansitze auf denselben Sitzen. Sind mehr Ansitze in Folge geplant, werden nach dem zweiten Ansitz neue Sitze bezogen.
Tageszeit?	In der Regel Früh- und Abendansitz. Im November und Dezember kann man zusätzlich noch zwei Stunden am späten Vormittag einplanen. Also Frühansitz bis etwa 8 Uhr, dann Frühstück, nachfolgend noch maximal zwei Stunden bis gegen Mittag und abschließend der Abendansitz.
Wo?	Wirklich die Plätze mit den besten Erfolgsaussichten wählen, die zuvor mindestens eine Woche nicht genutzt wurden.
Wie viele Jäger?	Mit zehn Jägern hat der Jagdleiter genug zu tun. Je mehr Jäger, umso mehr „Nieten“ sind darunter, umso höher sind die Vorlaufzeiten und umso stärker ist auch die Beunruhigung (Sondersituation).
Wie lange?	Zwei Stunden sind normales Ansitzmaß. Will ein Jäger länger sitzen bleiben, lässt sich das absprechen.
Freigabe?	Wenn Rehwild zur Strecke kommen soll, ist alles frei, außer trächtigen (Mai) oder führenden Geißen. Eine andere Frage ist, wie man es mit Rot- und Schwarzwild hält. Manche Jäger pardonieren Rehe bewusst, weil sie auf Rot- oder Schwarzwild hoffen. Daher im Mai am besten nur Rehe.

Je öfter, umso schlechter

Forstverwaltungen, aber auch viele Hotelbetreiber mit Jagdrevier, bieten verlängerte Jagdwochenenden für Gäste an. Hotels füllen damit in der eher ruhigen Zwischensaison für einige Tage ihre Betten, und die buchenden Jäger erhoffen sich Beute. Auch hier handelt es sich um Sammelansitze, und auch hier hängt der Jagderfolg von vielen Faktoren ab. Wind und Wetter haben das Meiste zu sagen. Großen Einfluss hat aber auch, was vorher auf den bejagten Flächen geschah. Hat dort der Förster bereits eine erste „Ernte" abgefahren oder war dort regelmäßig ein Birschbezirksinhaber aktiv? Gerade Letzteres ist häufige Praxis: Da hockt einer den ganzen Sommer ziemlich erfolglos umeinander (warum auch immer) und bringt nichts oder eben zu wenig zur Strecke. Also bezieht die Jagdleitung die von ihm bejagten Flächen beim nächsten Jagdwochenende mit ein. So verkehrt ist das ja gar nicht. Allerdings hockt jetzt ein zahlender und sich große Hoffnungen machender Gast auf einem Sitz, der zuvor Wochen hindurch „professionell verstänkert" wurde.

Geht es dem Veranstalter tatsächlich darum, Strecke zu machen und nicht vorrangig um die Erschließung eines neuen Geschäftsfeldes, wird er solche Sitze eher nicht miteinbeziehen. Er wird bevorzugt Flächen und Sitze wählen, an denen vorher nicht oder wenig gejagt wurde!

Erlebt

Lange her, längst verjährt: Dezember und noch etliche Rehe zu schießen. All die Jahre zuvor erledigte ich den nicht geringen Abschuss alleine und war in der Regel Anfang Dezember fertig damit. Dies, obwohl dort draußen die Jagdzeit erst am 31. Jänner endete. Dann war der Abschuss sicher nicht „ökologisch", sagen jetzt die Ultras, die meist selbst nichts zusammenbekommen. Aber der Abschuss war – wenn schon nicht ökologisch – angemessen. Wer zehn Jahre so um die 35 Rehe pro hundert Hektar Wald erlegt (Nachweis über die Mehrwertsteuer), der kleckert nicht. „Alles zusammengeschossen, armes Wild, Schweinerei", plärren die anderen. Aber wenn man das zehn Jahre durchhält und jährlich auf zwei Monate der Jagdzeit verzichten kann, dann muss Wild da sein. Und wenn dann nicht mehr als die Hälfte der Strecke aus Jahrlingen besteht, dann ist auch das Beschwören des Vakuumeffekts nicht mehr als hohles Geschwätz. Und die anderen, die selbst 3 Rehe pro hundert Hektar Wald schossen und unsere 35 einfach als viel zu wenig bezifferten, musste man auch nicht sonderlich ernst nehmen.

Also – es wurde zum Sammelansitz eingeladen, zwei Ansitze, Montag und Mittwoch, nicht der Notwendigkeit wegen, sondern als Verbeugung vor dem Dorffrieden und den Herren Jagdneid, Missgunst & Co. Jeweils zu fünft waren wir: ein Dorfmetzger und selbst Mitpächter im Nachbarrevier, ein Jungjäger mit nachgewiesener „Tötungserfahrung", ein Junglehrer mit beachtlichem ökologischen Wissen, ein Verwaltungsbeamter mit unerschütterlicher Korrektness und meine Wenigkeit. Wir saßen alle dort, wo die Verjüngung zeigte, dass es noch zwei, drei Rehe gab…

Nach dem Ansitz trafen wir uns alle am Forsthaus. Der Erste, der eintraf, war der Dorfmetzger. Er hatte ein Kitz im Gepäck, sauber geschossen und ebenso sauber aufgebrochen. Er hätte auch die Geiß schießen können, wusste aber nicht, wie ich eine Dublette aufnehmen würde. Wir klärten das sofort… Der Jungjäger brachte einen Fuchs, den keiner essen wollte. Dem Junglehrer kamen eine Geiß und ihre beiden Kitzen und später nochmals ein weibliches Stück, von dem er die Veranlagung nicht beurteilen konnte. Geschossen hatte er nichts. Immerhin informierte er mich, dass links vom Sitz vielleicht noch etwas mehr ausgeastet werden müsse… Am meisten hatte der Verwaltungsbeamte gesehen, in Summe fünf Rehe, und ein Hase gratis dazu. Geschossen hatte auch er nichts, weil er nicht wusste, ob hinter der Dickung, aus der die Rehe kamen, Häuser standen. Mir selbst kamen schon recht früh Geiß und Kitz, die ich ziehen ließ, weil noch kein anderer geschossen hatte und ich am Ende, als Einladender nicht der Einzige sein wollte, der zu Schuss kam. Es war sozusagen „Dummheit vorm schießunwilligen Feind".

Am zweiten Ansitzabend bat ich noch einmal in aller Höflichkeit, unter Beachtung jagdgesetzlicher Vorschriften und selbstverständlicher Tierschutzregeln, jede Gelegenheit zu nutzen. Als wir uns später wieder am Forsthaus trafen, brachte der Dorfmetzger, wieder sauber geschossen und aufgebrochen, Geiß und Kitz. Der Verwaltungsbeamte sah eine starke einzelne Geiß bester genetischer Mutterlinie und wartete auf ein schwaches oder krankes Reh… Der Junglehrer kam nicht, rief aber an. Er hatte seinen Sitz noch bei hellem Tageslicht verlassen, weil er vergessen hatte, die ihm von seiner Ehefrau aufgetragenen Einkäufe zu erledigen. Als Letzter erschien der Jungjäger, der „auf ein Reh" geschossen, am Anschuss Panseninhalt gefunden und daraufhin ergebnislos nachgesucht hatte…

Das Reh fand ich am Folgemorgen innert Minuten im Schnee, in der Nacht von den Füchsen für einen leichten Transport vorbereitet. Den Dorfmetzger lud ich im Folgejahr auf einen Rehbock ein. Von ihm hieß es, er sei ein „Schießer". Von den anderen drei wurde berichtet, dass sie am Stammtisch unseren viel zu hohen Abschuss beklagten und den Wahlabschuss beschworen. Einer von ihnen erkundigte sich im Folgeherbst, ob es wieder so einen schönen Sammelansitz gäbe…

Gehen wir Rehe suchen – die Birsch

Sinkende Relevanz

Früher wurde die Birsch gerne als „die Königin unter den Jagdarten" beschrieben. Das entsprach zwar dem schwulstigen Sprachgebrauch jener Zeit, doch ist fraglich, ob sie den Status jemals hatte – sieht man vom Hochgebirge einmal ab. Wenn, dann hat sie ihn längst verloren. Heute ist sie eher ein ganz entscheidender Störfaktor: Wir vertrampeln weit mehr Rehe, als wir sehen!

Die Gründe sind vielfältig. Zum einen darf man davon ausgehen, dass es heute ungleich mehr Rehwild gibt als vor hundert oder gar einhundertfünfzig Jahren. Das bedeutet, dass wir beim Birschen ganz zwangsweise von mehr Rehen entdeckt werden als damals. Damit beeinflussen wir deren Verhalten. Die Reviere wurden permanent kleiner, und die Zahl der Menschen, welche die freie Natur in vielfältigster Form nutzen, stieg unaufhaltsam. Wir können das an der Entwicklung der Einwohnerzahlen ungefähr abschätzen, müssen dann aber auch noch die geänderten Arbeitsbedingungen (Arbeitszeiten, Zeiten für Arbeitswege, Zeitaufwand für den täglichen Mindestkomfort wie Holzspalten, Kohlen schleppen, Waschen usw.) und die geringe Mobilität der Menschen früherer Tage in Ansatz bringen. So dürfte die Unterstellung, dass wir heute zumindest zehnmal so viele Menschen im Revier haben wie vor hundert Jahren, der Realität ziemlich nahe kommen. Doch nicht genug, gleichzeitig stieg auch die Zahl der Jäger unaufhörlich – bei gleichzeitig permanentem Verlust an Jagdfläche!

So ist die Birsch heute – immer außerhalb des alpinen Raums – eher eine Begleiterscheinung der Ansitzjagd. Der Jäger birscht halt noch ein mehr oder weniger kurzes Stück vom abgestellten Auto zu seiner Ansitzeinrichtung. Von einer Birsch im eigentli-

Auf der Birsch.

Die Birsch ist eine sehr schöne Jagdart, aber sie stammt aus einer Zeit, in der die Reviere groß und die Zahl der Jäger klein war. Heute hat sie – außerhalb des Hochgebirges – viel ihrer einstigen Bedeutung verloren.

chen Sinne können wir hier gar nicht sprechen. Gleichwohl hielt sich der Begriff.

Birschsteige

Bei den meisten sogenannten Birschsteigen handelt es sich heute um kurze Stichwege. Sie führen uns von einem eigentlichen Weg oder einer Abteilungslinie zu einer Ansitzeinrichtung. Manchmal sind das nur zwanzig Meter, selten mehr als hundert. Gleichwohl kann es notwendig sein, solche kurzen Steige ein wenig zu pflegen, was letztlich auch unserer Sicherheit dient (Gefahr des Stolperns in der Dunkelheit oder Gesichtsverletzungen durch Zweige).

Mitunter sind aber auch heute noch längere Steige notwendig, einfach weil eine Ansitzeinrichtung auf kürzerem Weg nicht erreichbar ist. Ob man auf ihnen zum Sitz birscht oder besser ganz einfach „geht“, würde ich von Situation zu Situation entscheiden. Letzteres ist nicht selten sinnvoller.

Dann gibt es aber auch noch die Birschsteige im eigentlichen Sinne. Das sind jene, die Waldränder von außen unsichtbar begehbar machen, oder solche, die einfach zwei oder mehr Ansitzeinrichtungen miteinander verbinden. Der Jäger mag das verlockend empfinden: Er weiß nicht so recht, wo er sitzen soll, also birscht er. Manchmal ist eine solche Birsch sogar erfolgreich. Beispiel: Die Rehe ziehen in der Früh aus dem Feld in den Wald. Der Jäger nutzt seinen Birschsteig innerhalb des Waldrandes und lässt die Rehe herankommen. Bums, liegt auch schon eines. Dubletten gelingen hingegen eher selten, weil Rehe nach dem Schuss fast immer hochflüchtig den Wald annehmen und nicht so schnell verhoffen. Sie flüchten – in der Regel – nicht ins Feld zurück.

Gut, damit ließe sich leben. Allerdings wird es so schnell keine Wiederholung geben. Warum? Weil der Waldrand für die Rehe grundsätzlich eine gefährliche Zone ist. Sie wechseln in der Früh aus dem Hellen und der freien Rundumsicht in den

Auf den Punkt gebracht

- Birschsteige sollen heute vor allem zum Erreichen der Ansitzeinrichtungen dienen.
- Birschsteige möglichst nicht durch Einstände führen!
- Keine längeren Steige innenseitig der Waldränder, allenfalls kurze Steige zur nächsten Ansitzeinrichtung.
- Keine Steige, die vom Publikum als „Abkürzer“ benutzt werden können.

dunkleren Waldbestand, der von außen kaum einsehbar ist. So, und jetzt bestätigen wir ihnen auch noch, dass ihre Befürchtungen absolut berechtigt sind. Die Rehe werden noch vorsichtiger, werden künftig vielleicht noch bei Dunkelheit oder ganz woanders einwechseln.

Noch übler ist das Abbirschen der Waldränder am Abend – erfolgreicher lässt sich kaum stören! Warum? Weil sich Rehe nicht – wie von vielen Jägern vermutet – möglichst weit im Innern von Waldbeständen aufhalten, sondern überwiegend in den Waldrandbereichen. Natürlich leben auch im Innern größerer Wälder Rehe, aber sie halten sich auch dort eher in den Randzonen der einzelnen Abteilungen auf – dort, wo sie ihre Feinde am besten in Nase, Augen und Ohren haben!

Komisch ist, dass wir schon im Jungjägerkursus lernen, Rehe seien Waldrandbewohner und Schlüpfer. Das erzählen wir auch lebenslänglich weiter. Nur die jagdlichen Konsequenzen ziehen wir daraus nicht.

Schau halt selbst!

Was hier gesagt wird, kann der Jäger – so er es wagt, seinen SUV gelegentlich zu verlassen – leicht selbst feststellen. Am besten gelingt das im Winter, wenn es so ein klein wenig Schnee hat, aber nicht am Abend oder Morgen, sondern am helllichten Tag. Er darf getrost seine Familie mit einspannen. Die Rehe werden ihn und die Seinen dann als harmlose Zeitgenossen einordnen. Einfach einmal so einen fünfzig Meter tiefen Streifen entlang des Waldrandes abstreifen. Dort ist die höchste Dichte an Rehfährten, dort findet er am meisten Losung und die meisten Rehlager – nicht im Zentrum der Bestände!

So, und genau durch diese Bereiche legen wir unsere Abendbirsch. Ergebnis: Es sind keine Rehe mehr da…

Einer, der sich damit recht intensiv auf wissenschaftlicher Ebene beschäftigt hat, ist Friedrich Reimoser. Bei Untersuchungen auf der Koralpe (Steiermark) fand er im Winter im Bereich vom Rand bis 75 Meter ins Innere von Baumhölzern eine bis zu zehnmal höhere Fährtendichte als im Zentrum des Bestandes.

Im Sommer war die Fährtendichte am Rande des Baumholzes in einer Tiefe bis 25 Meter bis zu vierzehnmal so hoch wie im Zentrum.

Bemerkenswert war auch, dass die Fährtendichte im Winter im Dickungsbereich mit großem Abstand am geringsten war.

Wie aber reagiert der Jäger? Egal ob Sommer oder Winter, ob innerhalb des Waldrandes auf einem gut gepflegten Birschsteig oder außerhalb auf geschottertem, bei jedem Schritt knirschendem Weg – der Jäger birscht dort besonders vorsichtig, wo er etwas in den Bestand oder aus diesem heraus Sicht hat! Was wird sich ein Reh denken, das ruhig in einem solchen Randbereich sitzt und dem in vollendeter Luchsmanier an ihm vor-

Klare Strategie.
Nicht in „guter Deckung“ hat sich die Geiß gebettet, sondern dort, wo sie Gefahren frühzeitig erkennt, an einer Wegkante im Hang.

überbirschenden Jäger zuschaut? Natürlich wird es an diesem Abend seine eigene Planung ändern …

Doch nun grenzt eine Fichtendickung an den Waldrand – schattig und ohne Sicht. Im Winter ist es in ihr kalt. Der Schnee rutscht von den Ästen, bekommt keine Sonne und macht die Dickung zur Kühlhalle. Auch durch diese Dickung führt unser Steig. Auf dem bewegen wir uns jetzt besonders vorsichtig, denn in der Dickung vermuten wir ja – meist zu Unrecht – Rehwild. Sollte sich wirklich ein Stück verirrt haben, wird es uns auf alle Fälle bemerken, auch wenn wir noch so vorsichtig birschen. Wir könnten ganz ungeniert „durchhatschen".

Konsequenz: Dort, wo sich Rehe wahrscheinlich aufhalten, bewegen wir uns einfach wie ganz „normale" Menschen. Sie nehmen uns so oder so wahr. Folgt aber nach einer Dickung – egal ob wir sie auf einem Steig durchqueren oder außen an ihr entlang müssen – eine interessante Fläche, bewegen wir uns eher vorsichtig. Das Wild wird draußen sein!

Birschen im „Kombipack"

Eine wirklich schöne und erfolgreiche Art der Birsch auf Rehe lernte ich vor langer, langer Zeit im Schwarzwald kennen. An seinen Hängen dominierten damals buchenreiche, mit Föhren und wenig Fichten vermischte Wälder. Trotz der seinerzeit relativ hohen Rehwildbestände – es wurde ja, verglichen mit heute, nur wenig geschossen – gab es in den weiträumigen Baum- und Althölzern immer wieder kleine Verjüngungshorste. Letztere waren „Trittsteine", welche die Rehe, wenn sie hochwurden, gerne nutzten. Und noch etwas gab es: Hangwege!

Wir birschten dort meist zu zweit, wobei einer den unteren und einer den oberen Hangweg nutzte. Wer oben ging, musste immer einen Vorsprung von guten hundert Metern haben. Die in die Hänge eingeschnittenen, Lkw-tauglichen Wege erlaubten,

Doppel-Haberl.
Der unten birschende Jäger hat die beiden Rehe hochgemacht. Ohne große Hast setzten sie schräg den Hang hoch. Grad wenn der abgeworfene Bock nicht genau hinter der Geiß stünde...

sich ungesehen von unterhalb sitzenden oder ziehenden Rehen fortzubewegen. Rehwild, das der unten birschende Jäger hochmachte, flüchtete mehrheitlich schräg den Hang hoch. Vorausgesetzt, es war halbwegs windstill, konnte man das Wild gut hören. Dann genügte es, vorsichtig über die Wegkante zu schauen. Bäume zum Anstreichen gab es genug.

Da wir ohne freilaufenden Hund jagten, kamen die Rehe in aller Regel eher gemütlich. Unterhalb des oberen Weges verhofften sie meist, weil sie den Weg ja nicht einsehen konnten. So ergaben sich gute Möglichkeiten, angestrichen auf stehendes Wild zu schießen. Nicht selten verhofften sie auch mitten im Hang. Dann äugten sie fast immer zurück, zu dem unten birschenden Jäger. Selbstverständlich konnte auch dieser zu Schuss kommen. Manche Rehe blieben einfach sitzen und warteten ab. Andere wurden hoch, flüchteten ein kurzes Stück, ehe sie verhofften.

„Birschen im Kombipack“, wie es in großen Altholzhängen mit passender Wegeführung reizvoll ist:

Ein Jäger geht langsam auf dem oberen Hangweg *(weißer Punkt)* gute hundert Meter voraus. Der zweite Jäger (oder Helfer) birscht auf dem unteren Hangweg *(gelber Punkt)*. Der Jäger auf dem unteren Weg veranlasst die Rehe aufzustehen. Diese setzen sich mehrheitlich nach vorne und schräg nach oben ab, wo sie der vorausbirschende Jäger erwartet.

In den lockeren Althölzern – es war ja heller Tag – sah man Rehe auch gut zeichnen. Ging eines getroffen noch ab, etwa bei einem Schuss durch die Herzspitze, konnten wir es mit den Augen verfolgen und sahen es zusammenbrechen. Mitunter flüchtete eines in einen der kleinen Verjüngungshorste. Kam es auf der anderen Seite nicht mehr zum Vorschein, lag es.

Bei dieser Jagdart birschten *beide* Jäger, obwohl die Situation eigentlich so war, dass zumindest der unten Birschende von den Rehen sofort gesehen wurde. Doch genau das war ja erwünscht. Andererseits sah auch er ruhende Rehe, weil er sich Zeit lassen und das Gelände genau beobachten und absuchen konnte. Alles in allem eine wunderschöne und erfolgreiche Jagdart, außerhalb der Ansitzzeiten, bei der wir Vormittag wie Nachmittag nutzen konnten.

Eine andere Variante.

Wo das Gelände passt – Hanglagen mit überwiegend Baum- und Althölzern – kann man auch oben mehrere Schützen postieren. Ein Schütze oder Helfer geht unten entlang, um die Rehe in Bewegung zu setzen. Ein Dackel oder ein anderer, möglichst nicht zu weit jagender Hund ist eine gute Ergänzung.

Vergleichbare Verhältnisse finden sich in vielen Mittelgebirgen. Jagdlich nachteilig hat sich jedoch vielerorts die Waldsituation geändert; Naturverjüngung minimiert die Sicht, oder aus Laubholz- wurden Nadelholzbestände. Noch etwas wurde anders: Früher waren wir bei solcher Jagd fast immer alleine unterwegs; heute sind wir eine Minderheit.

Missverständnisse

Vielleicht entstand am Anfang dieses Hauptkapitels der Eindruck, der Verfasser lehne die Birsch weitgehend ab. Das ist nicht der Fall. Wir müssen grundsätzlich zwischen zwei Varianten der Birsch unterscheiden. Bei der einen, sozusagen der klassischen, bewegen wir uns, um Wild zu finden. Bei der zweiten Variante hat der Jäger Wild in Anblick, und es geht nur noch darum, eine günstige Schussposition zu erreichen. Beispiel: Wir stehen am

Waldrand und vor uns im Feld äst Rehwild; für einen Schuss ist es noch zu weit, oder wir können nirgends anstreichen. Also müssen wir uns etwas überlegen – anbirschen!

Manchmal macht dieses Anbirschen erhebliche Umwege notwendig, wenn es sein muss um ein Köpferl oder gar um einen Hügel herum. Gelegentlich müssen wir weit ausholen, weil uns ein direktes Anbirschen der Wind nicht gestattet. Dabei verlieren wir das Wild aus den Augen, und je mehr Zeit unser Weg in Anspruch nimmt, umso größer ist die Gefahr, dass das Wild seinen Standort wechselt. Mag sein, es zieht ein und kommt uns dabei, ohne dass wir es sehen, verdammt nahe. Hier ist altes jägerisches Können, vor allem Körperbeherrschung, erforderlich. Solange wir das Wild in Anblick haben, sehen wir, wenn wir uns bewegen dürfen. Verlieren wir es aus den Augen, steigt das Risiko, entdeckt zu werden. Also dürfen wir uns Waldrändern und sonstigen Ausblicken, etwa auf Schläge, nur sehr behutsam und überlegt nähern.

Stillstehen, auch in unbequemer Position zu verharren, das Wild sehr genau zu beobachten und sich nur bewegen, wenn dieses uns nicht im Blick hat, das ist jägerische Kunst. Diese zu trainieren, bietet sich bei der Jagd immer wieder an. Da sucht in der Wiese ein Fuchs nach Mäusen, und wir schaffen es, uns am Waldrand zu nähern. Ein andermal ist es ein Hase, mit seinem fast 360-Grad-Rundumblick, oder nur eine Katze.

Was wir oft nicht berücksichtigen, ist der Umstand, dass Rehe mitunter uns in voller Größe sehen, während wir von ihnen nicht viel mehr als die Lauscher sehen. Sie schauen eben gerade noch so über ein Hindernis, sind für uns weitgehend verdeckt, wir aber stehen frei da! Das direkt hinter oder in einem Busch stehende Reh sieht uns durch diesen hindurch klar. Sein Auge nutzt einen kleinen Sichtkanal durchs Geäst. Für uns aber ist das Reh unsichtbar, weil es vom Busch verdeckt wird. Die Lücke, durch die es uns sieht, hilft uns nichts. Das ist übrigens eine Situation, die wir an Waldrändern oft haben.

Birschen – ja oder nein?	
Grundsatz	Möglichst wenig birschen, Ausnahme Hochgebirge, wo es oft gar nicht anders geht.
Tabuzonen	Birschsteige möglichst nicht durch Einstände zu einem Sitz legen.
Waldränder	Keine längeren Steige innerhalb von Waldrändern. Falls doch vorhanden, nicht am Abend benutzen und in der Früh nur sehr sparsam.
Birschen oder gehen?	Überall dort, wo uns das Rehwild wahrscheinlich beobachtet, lieber gehen als birschen, eventuell sogar reden (Spaziergänger mimen).
Anwechsel und Rückwechsel	Bei Ansitzeinrichtungen immer überlegen, wie man sie am ehesten ohne zu stören erreicht und wie man sie störungsfrei verlassen kann. Wenn notwendig, zwei Steige vorsehen.

Was wir oft nicht bedenken, ist das Scheinäsen der Rehe. Sie tun so als ob, beobachten ihre Umgebung dabei sehr konzentriert. Wir meinen, sie seien voll mit sich und ihrer Äsung beschäftigt, drücken einmal das schon schmerzende Kreuz durch oder wagen einen Schritt zur Seite, und schon haben sie uns und werden flüchtig oder werfen zumindest auf und fixieren uns.

Erlebt

Hier und da löste sich von den wenigen den feuchten Hangweg säumenden Erlen seufzend ein Blatt und segelte, an Gezweig und Staudicht anstreichend, ins nasse Kraut. Erst oben, auf dem Grat des Hierlingrückens, drang aus den Rohrdorfer Weiden verloren, wie aus fernen Welten, ein Ton zu mir herauf: der einsame, müde Klang einer einzelnen Viehglocke. Die Nacht wurde mürb und starb. Unten in der Ebene ließ sich bereits die geschlossene Nebeldecke ahnen.

Dann wurde es mit einem Male lebendig um mich herum. Rehe zupften gierig von den Brombeerranken, sammelten welkes Laub von den Haselstauden. Geiß und Kitz. Dort noch eine, und drunten am verwachsenen Grasweg leuchtete ebenfalls ein weißer Spiegel aus der ockerfarbenen, schon einmal vom frühen Schnee umarmten Calamagrostis.

Unten auf dem Grasweg ästen unbekümmert eine Geiß und ihre zwei Kitze. Der Entschluss war leicht und rasch gefasst. Bei wohl 120 Stückerl Schalenwild, die man damals selbst zu schießen hatte, galten zwangsweise andere Gesetze als für den Gelegenheitsjäger. Erst das von der Geiß etwas entfernt im hohen Waldgras stehende, dann, direkt neben der starr hinüberäugenden Alten verhoffend, das zweite Kitz. Mit tiefer Flucht stürmte es in die Fichtenjugend hinein. Nun war auch die Geiß weg. Irgendwo dort drinnen, in der steilen Wildnis, würde sie wahrscheinlich mit langem Träger und steif vorgeklappten Lusern stehen, sich mehrmals unschlüssig abwenden und doch immer wieder zum gefallenen Kitz äugen. Würde mit schlankem Lauf unwillig ins Falllaub stampfen, ehe sie sich langsam wenden, unruhig umherziehen, schließlich irgendwo in der Nähe niedertun würde.

Ich nahm Rucksack und Stecken und warf den Kotzen über die Schulter. Vor mir tänzelte die treue Schwarze den Altholzhang hinunter. Taunasse Spinnfäden sperrten den Weg; Hirschläuse wurden lästig.

Das zuerst beschossene Kitz lag, wo es gestanden hatte. Zum zweiten Anschuss führte rasch der Hund. Dort wehten in Marienfäden verfangene Schnitthaare im Wind, Schweiß glänzte auf Halm und Reis, immer tief abgestreift. Untrügliche Zeichen kurzer Todesflucht. So blieb der Schweißriemen im Rucksack, und die Hündin durfte frei suchen. Kaum zwanzig Gänge, da sah ich‘s schon liegen, unten in der langen Rinne im blasigen Konglomerat der ausgewaschenen Nagelfluhschichten. Eingebettet, aufgefangen in seiner blinden, schon losgelösten Todesflucht, zwischen hinabgeschwemmtem Bruchholz und kargen Moosen.

Noch war das eine Kitz aus glitschiger Rinne heraufzuholen, waren beide aufzubrechen. Doch kaum war ich schweißgebadet oben, riefen schon die kreisenden Kolke mit rauem Klong-klong vom Steinbergele herüber. Eine Nacht nur, und die gröbsten Spuren der eben verursachten Tragödie würden beseitigt sein. Erst – ich würde kaum den rehbepackten Rücken gewendet haben – die wartenden Kolke und in der Nacht der schon im Winterbalg steckende Bergfuchs. Zuletzt einige frostklamme Fliegen, ein tanzender Schmetterling am schwarzrot geronnenen Schweiß. Tau und Reif und Vergessen darüber. Nichts würde bleiben als eine kurz anhaltende Erinnerung und ein Stück archiviertes Papier. Und was wohl wird von uns bleiben, wenn die Kiste aus den eichefurnierten, garantiert schadstoffarmen Spanplatten unterm Lehm versinkt…?

Ich wollte nicht heimwärts pilgern an diesem Morgen, buckelte vielmehr die beiden Kitze, immer wieder rastend, durch den steilen Hang nach oben. Gedachte, sie irgendwo um Schneebauernräuhe oder Zengerles Alpe ins Geäst zu hängen, um beschaulich und zufrieden weiterzubirschen.

Es war mühsam. Über den alten Erdweg, auf dem weiland die schweren Zugpferde das Holz schleiften, hatte der Schnee viel Stangen- und Wipfelzeug geworfen. Niemand hatte es aufgearbeitet.

Unvermittelt blieb die einen Steinwurf vor mir tänzelnde Bracke stehen, äugte zurück und wedelte bedächtig mit dem Schwanz. Zwischen den bärtigen Trutzfichten des Schutztobels zogen drei Rehe bergauf. Geiß und herbstpralles Bockkitz und hinterdrein mutmaßlich ein Schmalreh. Vorsichtig ein paar Schritte zurück, niedergebückt und erst das obenauf gelegte Kitz, dann den Rucksack abgelegt. Vor zur nächsten Fichte, von der aus es ganz leidlich ging. Schwarzer Zielstachel, braune Winterdecke, kurzes Verhoffen, ein letztes frostrotes Brombeerblatt in den Äser – dann riefen wieder die Kolke…

Harte Arbeit wurde es. Erst die beiden Kitze vollends hinaufgebuckelt zur Schneebauernräuhe, dann, nach kurzer Rast, wieder zurück und das Schmalreh in den Rucksack.

Eigentlich hätte ich jetzt Strecke legen, Brüche brechen, mit gewundener Jagdtrompete meinen „Sieg“ verkünden, den toten Rehen in aller Form die ihnen sicher unerwünschte Ehre erweisen müssen. Abschluss des Traueraktes mit vorschriftsmäßiger Rührung und stille Wacht am „gestreckten Wild“, von dem alles gesagt werden durfte, nur nicht, dass es erschossen wurde. Ich pfiff darauf, auf all das zusammengeschusterte, aus nördlichen Regionen eingeschwemmte, dem eigenen Boden und der Mentalität seiner Bevölkerung so fremde und auf ihm weitgehend unbrauchbare Gebräuch. 800 Jahre gehörte der Boden, auf dem man stand, zu Österreich; welchen Anlass sollte es geben, die verordnete Pseudokultur des einstigen Erzfeindes zur eigenen Tradition zu machen?

Sich eine fremde Sprache und mehr noch fremde Gefühle vorschreiben lassen? Überhaupt: Es gibt nichts Gefühlloseres als verordnete Gefühle! Ich jedenfalls empfand keine Trauer um die „gestreckte Kreatur“; wozu auch, ich war mir ja der Wirkung eines Büchsengeschoßes schon vor dem Krümmen meines rechten Zeigefingers durchaus bewusst. Im Gegenteil – Freude machte sich breit!

Auf – weiter!

Am alten Hüttenbrunnen, über den damals noch liebevoll schirmend ein krummstämmiger Bergahorn hing, wusch ich die Schweißeinlage des Rucksacks aus, kühlte unterm kalten Quell den ob der Anstrengung glühenden Kopf.

Herbstlich föhnklar standen die Hochberge des Allgäuer Hauptkammes und des Bregenzerwaldes. Ich aber lag im Gras, verwarf jeden Gedanken an Tal und bürgerliche Pflicht, genoss das befreiende Gefühl der Ignoranz. Die Farben wurden intensiv. Kontraste traten überstark hervor. Licht brandete sprühend an Schatten. Hoch oben kreiste der Bussard, schraubte sich im Sog mittäglicher Wärme höher und höher. In den Strahlen des durch die Fichtenäste filternden Lichtes tanzte ein verlorenes Bataillon kleiner Mücken – Triumph und Verzweiflung des alternden Jahres.

Nachmittag – die Brote waren verzehrt, die Flasche geleert. Ich brach auf, wanderte langsam dem Herrenberg zu. Die drei Rehe blieben in der Fichte hängen. Dorthin konnte man ja am Abend auch mit dem Wagen fahren, sich die weite, weite Buckelei ersparen.

Unterm Weg, in den ehedem buchenreichen Hängen des Weihertobels, standen Gams. Weit war's, viel zu weit. Aber vielleicht zogen sie äsend um den Hang herum und damit in Schussweite. Dort war der Bewuchs niedriger und die Buchen von der Forstverwaltung schon herausgereinigt. Dass ein Vierteljahrhundert später der Begriff „Schutzwaldsanierung" zu einem der wichtigsten forstlichen Schlagwörter im Gebirge werden, die damals auf fast jedwedem Standort hofierten Fichten zurückgedrängt und weiland vergiftete wie geringelte Buchen mühsam durch gepflanzte ersetzt werden sollten, war in den seinerzeitigen Anschauungen und Heilslehren noch nicht enthalten.

Der Hochsitz stand im Gegenhang. Steil fielen die beiden Berglehnen in die ausgewaschene Rinne hinab, in der blanker Fels zutagetrat. Das feine, vom lang anhaltenden Schönwetter des Allgäuer Herbstes fast erstorbene Rinnsal sprühte, wenn es sich über die Stufen hinabfallend mit der Sonne traf, noch einmal gleißendes Licht.

Ich strebte dem gefassten Ziel zu. Erst ein Stück auf die freie Alp hinaus mit ihrer weiten Rundschau, dann den verwachsenen Harzersteig hinunter, ein letztes Stück durch Jungwuchs bis zum Hochsitz. Lange tat sich nichts. Nur der Bussard schrieb noch immer, scheinbar losgelöst von aller Zeitlichkeit, seine Spiralen. Übers Rohrdorfer Tobel herüber drangen die gekrächzten Verheißungen der Kolke, die sich an den Aufbrüchen vom Morgen gütlich taten. Ein Schwarm südwärts strebender Tauben rauschend über den Rücken der Alm. Ansonsten – Stille! Fast wäre ich eingeschlafen.

Doch dann, im gegenüberliegenden Hang: Geiß mit zwei Kitzen. Schwer auszumachen zwischen den Hunderten umgeschlagener Jungbuchen, die mit braunem Welklaub die Fichteneinfalt garnierten. Jetzt standen die Rehe genau oberhalb einer abgerutschten Plaike. Schoss ich, waren die Gams vergrämt. Schoss ich nicht, war deren Kommen auch nicht garantiert. Und wenn sie kamen, wer wusste, ob ein passendes Stück dabei war? Der Verzicht wog nicht schwer. In vier Wochen würde es auf Gams ohnehin schöner sein, würde man die ein oder zwei Stück, die man selbst freihatte, viel intensiver erleben. Dann würde wahrscheinlich stilles Weiß die Adelegg überziehen, würde der Wind am Grat vielleicht schon Kristallfahnen bilden, mit ihnen spielen, oder auch dicke, graue Nebelschwaden die schwarzzottigen Gams zu unwirklichen Wesen werden lassen.

Doch so, wie sie jetzt standen, war auch mit den Rehen nicht viel anzufangen. Wenn ein beschossenes Stück nicht auf der Strecke blieb, gäbe es eine ziemliche Schinderei. Die Rinne kirchendachsteil, vom Wasser ausgespült, glitschig und bemoost; durch den verwachsenen Hang kaum ein Durchkommen.

Aber dann stand dem hinteren Kitz doch der Stachel auf der braunen Winterdecke; in flacher Todesflucht fuhr es in die Rinne hinein. Echo rollte noch um das Dutzend Tobel und

Schinderlöcher, da fiel auch das zweite Kitz, und die Geiß flüchtete erschreckt den Hang hinauf, verhoffte, äugte hinunter und – verendete im sechsten und letzten Schuss selbigen Tages.

Nicht mehr als ein einziger schmerzarmer Feuerstrahl war's, der sie mitnahm – keine Wiederbelebung, kein Elektroschock, keine Intensivstation und kein Leiden zur Auslastung kostenintensiver Apparatemedizin. Tot, einfach tot, ganz schnell!

Ich zog einen dicken Strich unter alle Philosophie, nahm meine paar Habseligkeiten, stieg erst wieder hinauf und rutschte dann den Hang hinunter. Eine Stunde Arbeit war's, um die drei Rehe heraufzuschaffen. Das Hemd war ein nasser Fetzen, Körperschweiß lief in den Hosenbund; Wildschweiß klebte an den zerschundenen Händen. Die Knie verschmutzt, die Strümpfe von altem Labkraut und Brombeere umrankt, Schuhe voller Dreck, Socken voll Genadel. Einzig die schwarze Bracke tänzelte wie immer leicht und gelassen vor mir her. Auf und ab, auf und ab. Dann war's endlich geschafft. Schwer atmend stand ich oben am Rande der Alm.

Mein Gott – sechs Rehe an einem Tag erbirscht –, wenn das die organisierte Weidgerechtigkeit erfährt!

Ja – zehn Hasen und ein Dutzend Fasanen dazu hätten es leicht und ehrsam sein dürfen; Weidmannsheil von allen Seiten! Mit sechs Sauen wäre man landauf und landab gefeiert worden. Aber sechs Rehe?!

Jagdliche Stubenmusik – Rehe riegeln

Je sparsamer, umso erfolgreicher

Im Allgäuer Vorgebirge waren die Hänge meist steil und in sich gegliedert und kaum mit brauchbaren Wegen oder Forststraßen erschlossen, schon gar nicht liefen sie eine längere Strecke und ohne allzu große Steigungen parallel wie in den Schwarzwaldbergen. Aber auch hier gab es manche Möglichkeit, am hellen Tag erfolgreich Rehe zu jagen. Nur bedurfte es eines Helfers, egal ob zwei- oder vierbeinig.

Es gab dort draußen viele kleine und relativ schmale Tobel (Gräben), über die man bequem drüberschießen konnte. Oder es fanden sich in den Hängen Hangrippen, Köpferl oder Nasen, auf denen sich der Jäger postieren und den Hang leidlich einsehen konnte. Etwas Kenntnis darüber, wie und wohin die Rehe am liebsten laufen, wenn sie hochgemacht werden, konnte jeder sammeln.

Häufig folgte dem im Graben liegenden Bach ein alter Erdweg. Der war ideal, wenn meine Frau die Rehe anrührte. Deren Reaktion war meist dieselbe, wie die der Rehe zwischen den Hangwegen *(siehe voranstehendes Kapitel)*. Sie setzten sich schräg nach oben in Bewegung und kamen dabei – mit etwas Glück – dem vorstehenden Jäger. Der Helfer – oder in meinem Falle meist die Helferin – musste wissen, worauf es ankommt. Weder war es notwendig, durch die Hänge zu kriechen, noch war viel Lärm erwünscht. Es genügte, einfach halblaut zu sprechen, hin und wieder stehenzubleiben oder auch einmal laut zu rufen: „Achtung, ober mir stehen Geiß und Kitz“. Dann hieß es, den Rehen Zeit lassen, sie nicht in Hektik bringen, ihnen Vorsprung lassen und nur langsam dem Bach entlang zu folgen: „Pass auf, die sind unterhalb der dicken Buche…“

Altholz.
Unten floss ein Bach, oben grenzten Wiesen an, und dazwischen lag ein Altholz mit vielen „Trittsteinen“. Ideal für die Rehe, um sich klammheimlich davonzustehlen. Man musste sich nur im oberen Hangdrittel – möglichst etwas erhöht – postieren.

Eine Variante war, anstelle meiner Frau einen durch und durch friedfertigen Mitjäger als Durchgeher einzusetzen, der – wenn sich die Gelegenheit ergab – selbstverständlich schießen durfte und sollte. Dass bei solchen kleinen, ziemlich stillen Rieglern auch einmal ein Fuchs oder ein Hase anlief, versteht sich.

Die dritte Variante war die mit dem Hund. Ich legte am Eingang des Tobels unsere Dackelhündin, die Mädi, und später ihre Nachfolgerin, die Iris, eine Jagdterrierhündin, ab. Beide waren ruhig, gut eingearbeitet und zuverlässig. Sie lagen frei beim abgelegten Rucksack, bis ich meinen Stand erreicht hatte, und begannen auf Pfiff zu stöbern. Das klappte auch ganz gut. Nachteilig dabei war, dass man den Rehen seinen Stand signalisierte und dass sie mehrheitlich flüchtig kamen.

Es bleibt dabei: Ein Jäger ohne verständige, jagdlich einfühlsame und ihn unterstützende Ehefrau ist ein armer Teufel!

Da gab es so einen Hügel…

In Isny draußen gab es einen der Adelegg vorgelagerten, in der Wiesenlandschaft liegenden Hügel – den Rangen. Er wird kaum größer gewesen sein als fünfzig Hektar, bestockt mit Bauern- und Großprivatwald unterschiedlichster Altersklassen. Eine Forststraße führte bis kurz unter den „Gipfel". Vor allem westseitig gab es etliche völlig ungepflegte, bei den Rehen beliebte Parzellen. Kam der Wind vom nahen Bodensee herauf, saßen die Rehe lieber ostseitig in den reichlich von der Brombeere unterwachsenen Baumhölzern. Südseitig zogen sich die Viehweiden fast bis hinauf. Dadurch entstand fast so eine Art Zwangswechsel. Der Jäger musste sich folglich nur dort oben so postieren, dass er ausreichend Schussfeld hatte *(siehe Abbildung unten)*.

In Bewegung gebracht wurden die Rehe von einem Helfer, der erst einmal hustend und vor sich hin redend durch das untere

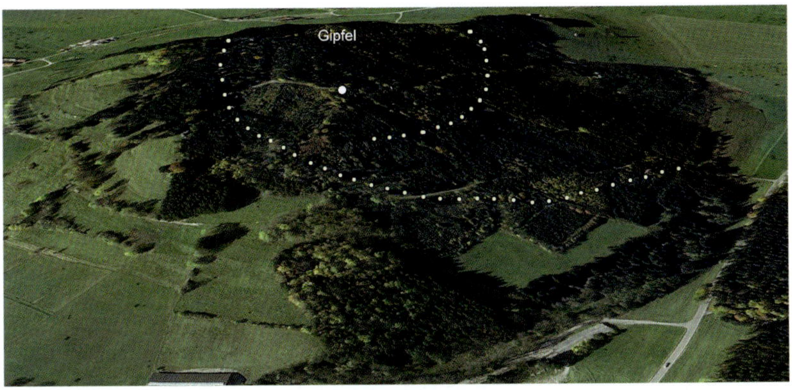

Beispiel Rangen:

Ein kleiner, so um die 50 Hektar großer Hügel, an seinem Fuß knapp über 700 Meter über dem Meer, sein Gipfel gute 100 Meter höher, fast ringsum von Wiesen umgeben. Solche und ähnliche Hügel gibt es in vielen Revieren. Zwei-, selten drei Mal im Frühwinter ließ ich einen Helfer durchgehen und stellte mich ziemlich oben – aber unterhalb des Gipfels! – mit gutem Blick in den Hang an *(weißer Punkt)*.

Drittel stapfte. Mit etwas Glück lag dann schon das eine oder andere Reh. Wenn nicht, stieg der Helfer etwas höher, zog noch einmal seine Runde und klopfte westseitig mit seinem Stock an den verwilderten Bauernparzellen herum. Natürlich hätte ein Hund den Helfer ersetzen können, doch einen Stöberhund oder Dackel besaß ich damals noch nicht. Dafür hatte jeder Forstbetrieb noch „Zeitlöhner" und Aushilfskräfte, meist Bauern, die sich nebenher noch ein paar Mark verdienten. So einer war der Peter. Sein Hof stand direkt am Waldrand. Im Winter fütterte er vorm Haus das Rotwild, verdiente sich als Treiber, Träger und Wildlieferer, und im Sommer half er dann Hochsitze bauen und andere Revierarbeiten zu erledigen.

Die Überlegung war simpel. Nach einer kalten Nacht und darauffolgendem Morgen würde der Frost abfließen und unten liegenbleiben. Im Gipfelbereich würden sich die Rehe eher ungern betten, weil sie im Falle einer Störung lieber schräg nach oben ausweichen, was sie dann nicht mehr konnten. Also musste ein Helfer, unten beginnend, hin und wieder hustend oder an einen Stamm klopfend, sich langsam höherschraubend, den Rangen umrunden. Die Rechnung ging fast immer auf. Dazu trug auch bei, dass wir diese Jagd nur selten durchführten. Die Rehe hatten nur wenig Gelegenheit, zu lernen! Wir hätten den Rangen auch mit drei Schützen abstellen und von mehreren Treibern durchgehen lassen können. So war's schöner!

Ein Lob dem Kahlschlag…

In meiner Jugend hieß Waldbau noch Altersklassenwald, mehrheitlich bestehend aus einer oder allenfalls zwei Baumarten, und Kahlschlagwirtschaft. Laubholz wurde bei uns noch bis in die 1980er-Jahre hinein selbst in manchen Schutzwaldlagen entfernt. Personal war noch genügend vorhanden, und die Zeitlöhner mussten auch im Sommer beschäftigt werden. Überdies war die chemische Industrie rührig und zeigte uns in Vorträgen und Seminaren – „Fortbildungsveranstaltung" genannt – wie und womit man das lästige Laubholz in die Knie zwingen konnte. Im „Flyer" – damals hieß das schlicht „Faltblatt" – eines deutschen Chemiekonzerns fand sich die Aussage: *„Hilft auch gegen hartnäckige Baumarten wie Eiche."* Also, wir reinigten mit Säge, Heppe, Sense und Gift den deutschen Wald, überführten Bestände mit unerwünscht aufkommender Naturverjüngung in ordentliche Forstwirtschaft. Die Brotbäume späterer Orkane, die Fichten, wurden Sommer für Sommer freigestellt. Teils wurden einfach die Reihen gemäht, teils auch nur die Pflanzen „gekesselt". Jedenfalls gab es überall schöne, mehr oder weniger große Kahlschläge. Diese blieben für die Rehe auch länger attraktiv als ähnliche Flächen heute, weil eben gemäht und damit die Sukzession etwas aufgehalten wurde.

Diese Kahlschläge waren gut zu bejagen, wenn sie groß genug waren und man sich mitten hinein einen Hochsitz stellte. Kanzeln waren am besten, weil man sich auf ihnen – wenn sie nur in der Mitte ein Sitzbrett hatten – nach allen Seiten drehen, sitzen und schießen konnte. Mit einer deutlich bequemeren Sitzbank war diese Beweglichkeit nicht gegeben. Stand die Kanzel

Auf den Punkt gebracht

- Je größer ein Windwurf oder ein Kahlschlag ist, umso weniger sind Rehe bei einer Störung geneigt, auszuwechseln.
- Ist die Kultur oder Naturverjüngung bereits geschlossen, ruhen die Rehe vor allem in den Randbereichen und neigen – bei einer von innen kommenden Störung – dazu, die Fläche zu verlassen. Lückige Flächen werden ungern verlassen.

Kahlschlag.

Auf Kahlschlägen, wie sie in Österreich (trotz formalem Kahlschlagverbot) fast die Regel sind, oder auf Windwurfflächen, kann man gut tagsüber Rehe jagen. Pflanzung oder Naturverjüngung dürfen nur nicht zu hoch sein und sich noch nicht geschlossen haben. Einfach einen Sitz mitten in die Fläche stellen, eine Viertelstunde still sitzen und dann den Dackel laufen lassen. Gibt der Hund Laut, konzentrieren sich die Rehe auf ihn; der Jäger ist dann meist vergessen. Sind solche Flächen groß genug, verlassen die Rehe sie auch nicht. Von Vorteil ist natürlich, wenn nach der Räumung gleich an jagdliche Hilfen gedacht wird.

zudem auf der „Kreuzung" zweier Linien oder an einem die Schlagfläche durchziehenden Graben, war die Wahrscheinlichkeit zu Schuss zu kommen groß. Zwar wechselten die Rehe meist ziemlich schnell über die eher schmalen Linien, aber man sah sie, konnte sie mit den Augen verfolgen, bis sie irgendwo auf der Schlagfläche schussgerecht standen.

Auf diesen Flächen konnte – bevorzugt im Herbst und Frühwinter – am hellen Tag gejagt werden. Es gab zwei Möglichkeiten: Entweder bezog man die Kanzel und ließ einfach den Dackel laufen. Der lenkte einerseits vom Jäger ab, dessen Anwechseln die Rehe eventuell mitbekamen, und er war andererseits so langsam und gleichzeitig laut, dass sie ihn problemlos orten konnten und keine Veranlassung hatten, die Schlagfläche zu verlassen.

Wer keinen Dackel sein Eigen nannte und auch nicht anderweitig einen solchen „engagieren“ konnte, bediente sich der Dienste eines Zeitlöhners, zweier Kulturdamen (inzwischen ausgestorbene Unterart weiblicher Forstarbeiterinnen), oder er beorderte einen Jungjäger oder Schwiegersohn in spe vor Ort. Aufgabe derartiger Helfer (das Wort „HelferInnen“ war noch nicht erfunden) war es, in aller Gemütsruhe die Schlagfläche im Randbereich zu umrunden. Es war nicht ihre Aufgabe zu „treiben“! Die Rehe sollten ohne großen Wirbel in Bewegung gebracht werden; sie sollten jedoch die Schlagfläche nicht verlassen. Manchmal dauerte ein solches Unterfangen nicht länger als eine halbe Stunde. Dann lagen ein oder zwei Rehe, und das „Treiben“ wurde abgepfiffen oder abgerufen. Man zündete sich die obligate Pfeife an und reichte dem Helfer die fast ebenso obligate Schnapsflasche…

Dem Dackel konnte man freilich keine Vorschriften machen, wie und wo er zu laufen und zu bellen hatte. Er jagte einfach in der Fläche, immer der Witterung nach. Doch er ließ am Laut nicht nur erkennen, wo er sich gerade befand, sondern auch, ob er direkt an Rehen jagte oder ob er – so nach einiger Zeit – mit seiner feinen Nase nur in den dicken Wolken frischer, ihn verwirrender Rehwitterung herumstocherte. Immerhin war der Jäger vorgewarnt, wusste, wann er seine Sinne anspannen musste.

Verfasser war damals noch „dackellos“, weil er einen Jagdterrier führte. Auch mit dieser Rasse ließ sich gut Rehe jagen. Man musste halt etwas Zeit einplanen, um den Hund nach getaner Arbeit wieder einzufangen, aus dem nächsten Bau auszugraben oder ihn drei Dörfer weiter abzuholen. Zur Ehrenrettung des Deutschen Jagdterriers muss aber gesagt werden, dass sich die heutigen Vertreter dieser Rasse mehrheitlich zivilisiert benehmen!

Besonders beliebt waren diese Jagden damals gleichwohl nicht. Als ich in den 1960er-Jahren in meinen Beruf einstieg, waren die Förster mehrheitlich noch große Rehwildheger, denen viele Privatjäger als üble Schießer galten. Sie bauten keine Sitze mitten in die Kahlschläge. Solche waren ihnen für die Rehe viel zu gefährlich. Der alte Förster Kern in Marxzell war da von ganz anderem Schlag, er war seiner Zeit damals schon weiter voraus als mancher von uns Heutigen…

Warum dieses ganze Nostalgiegeschwafel? Weil wir heute – trotz Waldumbau und neuer forstlicher wie jagdlicher Weltanschauung – wieder ganz ähnliche Situationen haben. Die inzwischen fast alljährlichen Orkane und die Folgeschäden durch Käfer, Sonne und Frost sorgen dafür, und sie werden es auch in den vor uns liegenden Jahrzehnten tun. Den Klimawandel haben wir zwei Jahrzehnte hindurch als Hirngespinst abgetan, und manche Politiker tun das skrupellos bis heute! Daher werden „alternative Jagdmethoden", wie die hier beschriebene, boomen.

Sturmfläche in einem Eigenjagdrevier in Hessen.
Hier wurde bei der Aufforstung gleich ein komplettes System aus Rückegassen und Bejagungsschneisen eingeplant. Im Zentrum der „Sterne" steht jeweils eine Kanzel *(grüne Punkte)*.

Erlebt

Schon fast vier Jahrzehnte her: 23. Dezember, einen Tag vor Heilig Abend. Knöcheltiefer Schnee, so um die null Grad, windstill, und der Himmel grau in grau. Die Christbäume für den Chef, den Forstrat, und fürs eigene Haus längst in der Nachbarverwaltung gestohlen und geliefert. Rehrücken in der Küche, Wein im Keller – schon Weihnachtsstimmung.

Der zu bewältigende Abschuss war hoch und noch nicht erfüllt; so um die zwanzig Rehe fehlten noch, dazu das eine oder andere Stückel Rot- und Damwild. In der Früh zuerst die Rotwildfütterungen im Kirch- wie im Schleifertobel beschickt, danach nach Wehrlang gefahren, Zengerles Peter geholt. Einen ganz kleinen Riegler wollten wir machen. Selbst wollte ich hinauf auf den „Rangen", und der Peter sollte nachher von unten angehen.

Es war nicht viel Schnee, aber ich musste zu Fuß gehen; kaum ein Jäger besaß damals ein Allradfahrzeug. VW-Käfer, des Platzes wegen oft mit ausgebautem Beifahrersitz, oder ein Renault R4 taten es auch. Zwanzig Minuten Vorsprung erbat ich mir, derweil der Peter herunten warten musste. Schon als ich mich unten in Bewegung setzte, wurde im lichten Altholz ein kleines Rudel Damwild locker und verschwand hinter der Hangkrümmung. An Schießen war nicht zu denken, aber der Anblick hob Stimmung und Zuversicht.

Kaum mehr als zweihundert Meter hatte ich im lockeren Schnee hinter mir, da wurde in der Brombeere unter den mächtigen Alttannen eine Geiß mit zwei Kitzen hoch. Wieder keine Chance. Oben angekommen, suchte ich mir auf einem Stammholzpolter einen halbwegs bequemen Platz, der guten Einblick in den Hang unter mir gewährte, fixierte meinen Bergstock und harrte still zufrieden der Dinge, die da kommen mochten.

So einfach hatte ich die Jagd Jahre zuvor als Lehrling an einem Schwarzwälder Forstamt kennengelernt. So wie ich nun, hatte sich damals unser Lehrförster oben auf Tannen- und Buchenpoltern postiert, wenn wir beiden Lehrlinge die noch nicht gepolterten Stämme aufmaßen und nummerierten. Dann nahm der „alte" Hermann Kern zuweilen seinen umgebauten, von keinem Zielfernrohr verunstalteten Wehrmachtskarabiner vom Rücken, ging stehend freihändig in Anschlag und ließ seine Teilmantel-Rundkopf in die Verjüngung fliegen. So hat er neben uns stehend manches Reh geschossen – einfach so nebenbei.

Es war eine stille Zeit damals, nicht weil Weihnachten bevorstand, sondern weil es nicht halb so viele Autos gab wie heute, weil die Landschaft zwischen Stadt und Vorgebirge noch kein lärmendes Industriegebiet war. Den Rest dämpfte der Schnee. So saß man, registrierte das Gewisper der Goldhähnchen in den Fichten, das Jahre später ein Opfer des Tinnitus wurde, schaute dem Buntspecht zu und dem quirligen Kleiber. Da stapfte unter mir schon der Peter durchs Altholz, klopfte hin und wieder mit seinem Stock an einen Stamm und verschwand hinter der Hangkrümmung. Die erste Viertelstunde verstrich und die zweite dazu. Und da waren sie auf einmal: fünf Stückel Damkahlwild! Sie kamen in den für sie typischen Prellsprüngen daher, ein Zeichen dafür, dass die Störung, vor der sie ausgewichen waren – wahrscheinlich der Peter – nicht allzu weit hinter ihnen sein konnte. Mitten im Hang verhofften sie: Alttier, Kalb, Schmaltier und nochmals Alttier mit Kalb. Das Wildbret der Damkälber war damals schon vorzüglich …

Die vier anderen Stücke wurden neuerlich flüchtig. Während ich ihnen noch mit dem Glas folgte, schreckte keine vierzig Meter hinter mir auf der Wegböschung ein Reh; es musste mir zugeschaut haben. Es war ein Bock: makellose braune Winterdecke, schon kurze Baststumpen. Kaum hatte ich mich nach ihm gedreht und das Glas an den Augen, verschwand er laut und anhaltend schimpfend in der Fichtenjugend. Ärgerlich!

Einen Moment überlegte ich zu entladen, hinabzusteigen und das Kalb zu versorgen. Dann blieb ich doch sitzen, konzentrierte mich wieder, hoffte. Nochmals verstrichen so fünfzehn, zwanzig Minuten, ohne dass sich etwas tat. Irgendwann, unsicher zu hören, ein paar Huster, ein Klopfen … Der Peter hatte den Rangen umrundet, spazierte jetzt höchst gemütlich im oberen Teil um dessen Kopf. Und da kamen sie schon von oben eilig, aber keineswegs flüchtig auf mich zu – Geiß und Schmalreh oder Geiß und Geiß? Ich kann das bis heute nicht mit Sicherheit sagen. Sie überfielen den Weg, wechselten in den Hang unter mir, dahin, wo das Kalb lag. Als sie verhofften und zurückäugten, erlegte ich das hintere Stück. Es lag einen Steinwurf vom Kalb entfernt.

Damals, mit weit mehr als hundert Stückel Schalenwild am Plan, trugen diese vielleicht anderthalb Stunden am Rangen – oberflächlich betrachtet – nicht viel zur Abschusserfüllung bei. Aber mit gleichförmigem, stupidem Ansitz hätte ich den Plan damals nie und nimmer erfüllt. Es war die Nutzung all dessen, was jagdlich möglich und sinnvoll war. Es war die Varianz des Jagens, das absolute Vermeiden immer gleichen Handelns. So gesehen trug auch jener Vormittag gar nicht unwesentlich zur Abschusserfüllung bei.

Noch etwas: Die Freude an der Jagd erwuchs mir nie aus der Abschusserfüllung, aber diese wäre ohne die Freude nicht möglich gewesen!

Vorbei: Landschaft zur Sau gemacht. Wirtschaftsstandort erster Güte geschaffen. Bauern in den Konkurs getrieben. Revier zerstückelt. Rübenhaufen, Restlicht verstärkende Zieloptik und Schalldämpfer als neues Rotwildmanagement, Drückjagden als Allheilmittel – alles zusammen „Jagdwirtschaft" genannt.

Alle dagegen, jeder macht‘s – Birschfahren

Wie viele PS sind weidgerecht?

Es ist schon komisch, was wir Jäger alles vehement ablehnen und – wenn es keiner sieht – dennoch praktizieren. Nun gehört ja manches von dem, was wir ablehnen, durchaus zur jagdlichen Tradition, und die wiederum halten wir allzeit hoch. Hier soll es um das Birschfahren gehen. Das ist ja nun tatsächlich eine Jagdart mit wirklich alter Tradition, und wenn wir im Ausland jagen, etwa in Ungarn, dann schrumpfen unsere Bedenken mit wachsenden Geweihgewichten… Was ist nun so schlecht an der „Gummibirsch“? Ganz einfach: Wenn wir sie regelmäßig betreiben, erkennt das Wild sehr schnell, was wir im Schilde führen. Es hält unser Fahrzeug nicht mehr aus, und es gerät in Stress. Dabei spielt es keine Rolle, ob wir in einem großen SUV sitzen oder in einem kleinen Fiat Panda.

Denselben Stress und dieselbe Verhaltensänderung erreichen wir aber auch, wenn wir fast täglich auf einem bestimmten Hochsitz sitzen oder wenn wir jede Woche zweimal den Birschsteig am Waldrand nutzen. Gleichwohl trauern wir der Jagd vom Pferdewagen aus nach und verteufeln die Birsch mit dem Auto. Doch die PS-Zahl macht keinen Unterschied. Ob wir zwei PS mit Rossäpfeln nutzen oder zweihundert PS mit Feinstaub und CO_2, bleibt sich – was den Stressfaktor betrifft – gleich. Was jedoch die Störung betrifft, so wird das Reh den Schuss vom Pferdewagen herunter nicht anders empfunden haben als heute den vom Auto aus. Wohlgemerkt, nicht aus dem Auto heraus. Dieser Hinweis ist notwendig, weil der Schuss aus dem Auto heraus in den meisten Ländern verboten ist. Was die damit verbundene Störung des Wildes betrifft, so wird sie kaum signifikant höher sein als beim gesetzeskonformen Schuss über das Autodach hinweg oder wenn der Jäger an einem neben dem Auto stehenden Baum anstreicht. Eine andere Sache ist die, dass eine geladene Waffe im Auto immer ein sehr hohes Risiko darstellt!

Hier soll weder das eine noch das andere empfohlen werden. Das Auto und früher oftmals auch der Pferdewagen ist oder war das Vehikel, das den Jäger zum Wild brachte, ihn dort absetzt und sich entfernt. Das „Feeling“ auf dem Pferdewagen war – für den Jäger – sicher ein anderes als jenes im Auto. Überdies ist es leichter, einen langsam dahinfahrenden Wagen zu verlassen als ein durch und durch enges Auto.

Am einfachsten funktioniert das zu zweit. Einer fährt und lässt den Jäger – wenn Wild in Anblick kommt – außer Sicht aussteigen. Dass dabei Ortskenntnis notwendig und der Wind zu berücksichtigen ist, versteht sich. Je „flotter“ das Fahrzeug sich am Wild vorbeibewegt, umso geringer dessen Misstrauen. Wer mit dem Auto „schleicht“, vielleicht beim Anblick von Wild noch anhält und die Scheiben herunterlässt, erregt unnötig Aufmerksamkeit. Das Wild muss sehen oder zumindest hören, wie sich das Fahrzeug entfernt. Das mit dem Sehen ist so eine Sache, denn der Jäger muss ja unbemerkt aussteigen können. Er muss also zumindest auf der dem Wild abgekehrten Seite sitzen; auch das war mit dem guten alten Pferdewagen kein Problem.

Manchmal lässt es sich auch „per Anhalter“ fahren. Sowohl die Holzabfuhr als auch der Traktor lassen das Wild völlig ruhig. Der Traktor mit Hänger ist am kommodesten, vor allem wenn der Hänger noch etwas über die Bordkanten hinaus beladen ist. Stellt sich der Jäger dann – mit entladenem Gewehr – auf die Ackerschiene, was in manchen Ländern verboten ist, kann er sowohl rechts als auch links „aussteigen“. Der Traktor ist ohnehin langsam und ein kurzer „Fast-Halt“ macht die Rehe nicht sonderlich misstrauisch. Stehen sie im Hang unterhalb des Weges, steigt der Jäger hangseitig aus. Stehen sie oberhalb, wird er talseitig aussteigen.

Auf den Punkt gebracht

- Je weniger wir das Auto als „Birschfahrzeug" einsetzen, umso eher wird es von den Rehen ignoriert.
- Beim Birschfahren interessante Flächen immer langsam anfahren, damit der Stopp nicht auffällig wird. Der Jäger muss vorher schon brauchbare Deckung im Blick haben und möglichst lange vor dem Schuss warten, damit die Rehe Auto und Schuss nicht miteinander in Verbindung bringen.
- Nie aus dem Auto heraus (verboten) oder übers Autodach schießen, auch nicht neben dem Auto von einem Baum aus. Rehe dürfen Auto und Schuss nicht in Verbindung bringen.
- Jäger möglichst hinten sitzend, damit er auf beiden Seiten ungesehen aussteigen kann.
- Auto darf auch nicht unmittelbar nach dem Schuss wieder erscheinen.

Bei dieser Jagdart ist der Repetierer ein ziemlich unbrauchbares Gerät. Bei der Fahrt und besonders beim Absteigen darf er auf keinen Fall geladen sein. Also müssen wir, sobald wir unsere Position – in der Regel ein etwas stärkerer Baum – erreicht haben, repetieren. Meist darf man dann ohne Verzögerung gleich wieder entladen, weil die Rehe dieses laute, metallische Geräusch nicht aushalten. Kipplaufwaffen – am leichtesten und elegantesten eine Kipplaufbüchse – sind da weit besser.

Ein fast unverzichtbares Werkzeug bei dieser Jagdart ist der Stecken, noch besser ist ein zweiteiliger Zielstock. Man besorgt

Zielstock.

Er ist ein fast unverzichtbares Werkzeug, das – im wahrsten Sinne des Wortes – Halt gibt.

sich im nächsten Baumarkt zwei runde Holzstangen, spitzt diese unten etwas an, bohrt 20 bis 30 Zentimeter unterm oberen Ende je ein Loch hindurch und verbindet sie mit einer Schlossschraube. Ein solcher Zielstock ist ungleich besser als der übliche Stecken, weil er sich – je nachdem, wie weit die beiden Stangen unten abgespreizt werden, den Geländebedingungen anpasst. Überdies stehen sie einfach ruhiger als ein Stecken, den ich ansonsten grundsätzlich bevorzuge. Selbstverständlich gibt es ähnliche Hilfen – auch bessere – im Handel.

Da wir auf diese Weise am hellen Vormittag jagen, springt das Wild nach dem Schuss meist ab. Wir warten dann zumindest so zehn Minuten, ehe wir in Erscheinung treten, um das erlegte Stück zu bergen. Wir lassen unmittelbar nach dem Schuss weder Traktor noch Auto aufkreuzen, damit noch in der Nähe befindliches Wild Fahrzeug und Schuss nicht in Verbindung bringt.

Funktioniert auch alleine

Wir müssen beim „Birschfahren“ nicht unbedingt zu zweit sein. Manchmal ist die Situation auch so, dass es ganz gut allein funktioniert. Wir sehen vom Auto aus Wild. Ist es im Ziehen begriffen, fahren wir einfach ruhig weiter; es lohnt sich nicht. Äst es aber in der Sonne auf einem Schlag, am Dickungsrand oder sogar auf einer Wiese, vermeiden wir alles, was seinen Argwohn erregen kann. Einfach langsam weiterrollen (das Wild muss es hören!), hinter einer Kurve anhalten, ganz leise aussteigen und – der Wind muss passen (!) – zurückbirschen.

Das Problem dabei ist häufig, dass die Forststraßen geschottert sind und es oft keine bebirschbaren grünen Mittelstreifen oder Bankette gibt. Der Schotter knirscht und verrät uns. Dagegen können wir etwas tun: Wir besorgen uns zumindest 1 Zentimeter dicke Reststücke Filz und schneiden uns zwei Sohlen, die wir unter unsere Schuhe schnallen. Einfach unten zwei Gurtstücke ankleben, an deren Ende sich Schnallen befinden. Wer es einfacher haben will, der nimmt zwei Lederriemen, schneidet die Filzsohlen mit einem scharfen Tapeziermesserchen so ein, dass die Riemen auf jeder Seite vorne und hinten etwa 1 Zentimeter vorm Rand nach unten durchgesteckt werden können. Auf solchen Sohlen birscht es sich nur halb so laut.

Filzsohlen.
Auf ihnen birscht es sich deutlich leiser.

Birschfahren im Wald	
Welches Gelände?	Althölzer mit Verjüngungsinseln oder mit Brombeere, besonders Hanglagen; sonnige Ränder und Hangkanten.
Welche Zeit?	Im Sommer und Frühherbst am zeitigen Morgen, nach dem Einziehen des Wildes aus den Feldern. Im Spätherbst und Winter vormittags, sobald die Sonne den Reif von den Äsungspflanzen nimmt.
Welche Wetterlage?	Im Sommer und Frühherbst ziemlich egal. Im Spätherbst und Winter ideal bei Sonne nach kalten Nächten.

Der Nachteil gegenüber dem Birschfahren zu zweit ist der, dass wir das Wild einige Zeit aus den Augen verlieren. Es kann weitergezogen sein oder sich niedergetan haben. Wir müssen vielleicht auch noch ein Stück Wegs hinter uns bringen, auf dem wir keine oder nur sporadisch Deckung haben. Das ist, wenn man die Rehe sieht, kein so großes Problem; doch häufig sehen wir sie nicht mehr!

Selbstverständlich werden wir diese Jagdart sehr sparsam anwenden. Wer jedes Wochenende das Revier abfährt und dabei versucht, Rehe zu überlisten – egal ob mit oder ohne Helfer – wird bei seinem Erscheinen bald keine oder nur noch flüchtige Rehe sehen!

Erlebt

Lange her – weniger Jäger gab's damals, weniger Jagdneid, weniger Heuchelei: Kalter, frostiger Morgen war's. Ansitz ohne Anblick auf der kleinen, offenen Kanzel beim Weihertobel. Noch einen Frühkaffee in der Stube vom Herrenberg und der Gedanke an ein paar „Schlenker" mit dem Auto – an einen etwas verlängerten Heimweg.

Das kurze Almgras oben, wo die ersten Morgenstrahlen aufgewärmt hatten, schon braun, unten an den eingeschatteten Bestandsrändern des Wagenbaches noch dick überreift. Da waren keine Rehe mehr zu erwarten. Oben, auf der freien Alm, war es ihnen jetzt zu unruhig, zu unsicher und unten am Waldrand noch zu frostig.

Langsam weiter, in den Wald hinein und hinunter Richtung Elmeney. Ein Lastwagen, dessen Fahrer sich gerade anschickte, Fichtenstämme zu laden, versperrte den Weg. Damals noch kein Gedanke an einen Lkw mit Kran; mit Drahtseilen wurde Stamm für Stamm von der Seite hochgerollt – zeitaufwendig!

Lange musste ich warten, doch irgendwann setzte sich der Holztransporter talwärts in Bewegung, und ich rollte hinterher. Drunten an der alten Kohlplatte gab der Fahrer Blinkzeichen nach rechts, obwohl er geradeaus fuhr. Zweimal noch kurzes, grundloses, wie provokant wirkendes Aufleuchten der Bremslichter. Und da sah ich sie schon: drei Rehe rechts im Gegenhang! So also klappte Verständigung in unkompliziert glücklicher Vor-Handyzeit.

Ich ließ die Lichthupe kurz blinken und folgte noch knappe hundert Meter dem Lastwagen. Dann war ich außer Sicht und Wind, stieg vorsichtig aus, griff Glas und Mannlicher und birschte vorsichtig zurück. Drüben im Hang standen sie, zupften an der schon von der Sonne vom nächtlichen Reif befreiten Brombeere. Die Geiß stand gute zehn Meter unterhalb der Kitze. Am Wegrand etliche Laufmeter Buchenscheitholz, nur grad etwas zu hoch, weil die Rehe tiefer standen. Aber dort ein knapp halbmetriger rotfauler Abschnitt, der beim Schlägern liegen geblieben war. Vorsichtshalber noch einmal den Wind geprüft, Gewehr abgelegt und ganz, ganz vorsichtig den Abschnitt hergerollt. Mit einem morschen Holzstück wegseitig verkeilt und so am Wegrollen gehindert. Draufgestanden ausprobiert – Höhe passte, nur eine Polsterung fürs Gewehr fehlte. Also niedergeduckt, Lodenjoppe ausgezogen, übereinandergeschlagen – hervorragend!

Wen zuerst – die Geiß und dann die beiden Kitze, so wie ich es als Berufsjäger im Vorbereitungskurs gelernt hatte? Oder doch lieber so, wie's die eigene Praxis war – die Kitze zuerst? Der schon im weiteren Verband mit Fichten aufgeforstete Hang war locker bestockt. Reh- und Rotwild hatten interessante Wuchsformen geschaffen und auf noch mehr Lücke gesetzt... Mit Publikum war damals dort oben kaum zu rechnen; Zeit hatte ich auch, Handy war noch nicht erfunden. Ich wollte es riskieren, war überzeugt, dass nichts schiefgehen konnte – wenn ich sauber traf... Zweifel kamen auf. Was, wenn die Geiß mit schlechtem Schuss doch noch den Hang hinauf- oder hinabstürmen und die Kitze mitnehmen würde? Dorthin, wo ich keine Sicht mehr hatte. Notfalls am späten Nachmittag hier ansitzen, warten, vielleicht den einen oder anderen Fieplaut probieren...

Schließlich stand der Stachel doch hinterm Blatt der Geiß, und das Geschoß ließ sie einfach zusammensinken. Schnell repetiert und eines der Kitze gefasst, das in kurzer Todesflucht noch einen guten Steinwurf, an der toten Geiß vorbei, den Hang hinabstürmte, ehe es verendet umfiel. Neuerlich repetiert, zweites Kitz gesucht, nervös geworden, dann doch entdeckt – absprungbereit, schon ganz leicht schräg stehend – etwas tief abgekommen. Tiefe, rasende Flucht schräg abwärts, und war plötzlich im übersichtlichen Hang verschwunden, einfach verschwunden, aufgelöst...

Ärger kam auf, Vorwurf wurde hervorgekramt – warum auch hast du...?

Das alles geschah in einer Zeit, die dem realen Leben noch gewogener war, nicht einmal eine EU-Richtlinie zur Wildbrethygiene gab es. Was nicht so sauber getroffen oder etwas verspätet gefunden und aufgebrochen wurde, bekam der „Bärenwirt", der war ein exzellenter Koch … Regt euch auf, ihr Pharisäer!

Also Tatort nicht betreten, heimgefahren, gefrühstückt und nach guter Stundenfrist zurück. Noch einmal den alten Platz aufgesucht, von dem aus geschossen worden war, ein paar markante Stellen im Hang anvisiert und zu merken versucht. Dann mit der Rike seligen Angedenkens hinüber. Dort die pyramidig verbissene Kusselbuche, ein Stück weiter die schon leicht braun gewordenen Blüten des Schwalbenwurz Enzians – dort ungefähr.

Rike durfte erst die beiden erlegten Stücke, samt Anschüssen, ausgiebig untersuchen, durfte sich ein Hin-und-Her erlauben, ohne einfältige Kommentare und Empfehlungen ihres ohnehin nasenlosen Führers. Und dann, nachdem sie wohl alles aktenkundig hatte, zog sie von ganz alleine zum Anschuss des zweiten Kitzes. Nach kaum dreißig Metern hatte sie es gefunden. Es war einfach aus voller Flucht in ein Loch gestürzt, das vor längerer Zeit ein längst nicht mehr vorhandener Windwurf gerissen hatte. Von drüben war es nicht zu erkennen.

Drei Rehe hinauf zum Weg gezogen, geschworen, künftig wieder nach der eigenen Methode zu jagen – obwohl gutgegangen. Bärenwirt angerufen…

„Birschfahren"!

Intervallbejagung

Persönliche Umstände und Wertungen

Viele Jäger wollen so oft wie möglich auf die Jagd gehen. Genau dafür haben sie ein Revier gepachtet, sind Mitglied in einer Jagdgesellschaft oder Inhaber eines Birschbezirks. Und die Verpächter mögen es, wenn sie den Jäger regelmäßig im Revier sehen; sie haben das Gefühl: „Auf den ist Verlass!“ Jene, die ständig draußen sind, liefern jedoch nicht unbedingt die größte Strecke. Viele wollen das nicht einmal. Schon der bewaffnete Gang durchs Revier oder Hock auf dem Sitz macht sie zufrieden. Wenn dann hin und wieder ein Schuss fällt – umso besser! Der Verpächter zeigt bei einer geringen Erfüllung der Abschussvorgaben eher Verständnis, wenn er den Jäger regelmäßig im Revier sieht. Erscheint der hingegen nur in Abständen, ist „alles klar“. Er kann seinen Abschuss ja nicht erfüllen, weil er fast nie im Revier ist! Doch so einfach sind die Dinge nicht.

Manchen Jägern fehlt einfach die Zeit, mehrmals in der Woche ins Revier zu gehen. Beruf, Familie oder Wohnsitz lassen es nicht zu. Letzteres kommt gerade im Herbst und Frühwinter zum Tragen, wenn es am Abend früh dunkel und am Morgen spät hell wird. Ihnen verbleibt in dieser Zeit meist nur das Wochenende und auch dieses oft nur mit den Einschränkungen, die durch geschäftliche oder familiäre Verpflichtungen entstehen. Gleichwohl erlegen manche Jäger an einem oder zwei Wochenenden pro Monat mehr als andere Jäger, die Tag für Tag draußen sind. Tag für Tag draußen zu sein bedeutet viele Beobachtungen sammeln und die aktuelle Lage zu kennen, etwa wo gerade gemäht, gegüllt oder geschlägert wurde. Das ist durchaus nützlich. Es heißt aber auch, bei den Rehen bekannt sein „wie ein roter Hund“ und durch seine häufige Anwesenheit Jagddruck auszuüben. Der Einfluss auf die Beobachtbarkeit der Rehe nimmt zu.

Dann, wenn es Sinn macht

Es war, wenn ich mich recht entsinne, der Forstwissenschaftler und Wildbiologe Friedrich Reimoser, der den Begriff „Intervallbejagung“ geprägt hat. Zugrunde lag die Überlegung, bevorzugt jene Zeiten jagdlich zu nutzen, in denen die im Fokus stehende Wildart bekanntermaßen besonders aktiv ist und dazwischen die Jagd weitgehend ruhen zu lassen.

Rehwild ist im Frühjahr besonders aktiv und damit häufig sichtbar. Das hängt mit seinem Lebensrhythmus zusammen. Böcke markieren und verteidigen ihre Reviere, starke Jahrlinge und noch revierlose Zweijährige werden von erwachsenen Böcken in Bewegung gehalten und dadurch ebenfalls häufig gesehen. Die zu Schmalrehen gewordenen Geißkitze kamen – wörtlich zu nehmen – schmal aus dem Winter und haben wie die trächtigen Geißen einen hohen Äsungsbedarf. Auch das macht sie

Auf den Punkt gebracht

- Je länger die Ruheintervalle, umso besser ihre Wirkung.
- Nur in den Zeiten jagen, in denen es sich wirklich lohnt, wenn die Rehe besonders aktiv sind.
- Während der Jagdintervalle keine unnötigen Beschränkungen verordnen.
- Werden in einem Revier mehrere Schalenwildarten bejagt, muss man eventuell Kompromisse machen.

sicht- und überdies gut vergleichbar. Hinzu kommt die noch nicht völlig zerstörte Wintervertrautheit. In dieser Zeit tut sich der Jäger leicht, erfolgreich zu jagen.

Dieser Frühjahrsgipfel fällt im Juni rasch ab. Die Böcke werden ebenso zunehmend heimlicher wie die ihre Kitze führenden Geißen. Zugleich sorgt die explodierende Vegetation für schwindende Sichtbarkeit, und die Unterscheidungsmerkmale zwischen den Altersklassen schwinden vor allem beim weiblichen Wild. Es ist die Zeit, in der wir uns draußen rarmachen dürfen. Ja, wir könnten jetzt durchaus – und ohne negativen Einfluss auf die Abschusserfüllung – einige Wochen die Jagd ruhen lassen. Wir legen ein Ruheintervall ein.

Viele Forstverwaltungen verfahren schon nach diesem Prinzip, auch wenn sie Birschbezirke vergeben. Widerspruch kommt besonders aus Revieren, in denen neben Rehen auch noch andere Schalenwildarten leben. Vor allem die Rotwildjäger pochen teilweise auf die vorgezogene Sommerschusszeit, auch wenn in vielen Revieren wenig während dieser erlegt wird. Man verweist auf die paar Stückel, die zur Strecke kommen, aber es fehlt jeder Beweis dafür, was am Ende des Jagdjahres wäre, wenn man das Wild im Frühsommer in Ruhe gelassen hätte. Auch die Schwarzwildjäger wollen von einer zeitlich begrenzten Jagdruhe nichts wissen. Es wird halt doch der eine oder andere Frischling oder Überläufer an der Kirrung geschossen. Ginge es tatsächlich um die Reduktion der Schwarzwildbestände, würde man sich nicht so konsequent gegen den Bachenabschuss sperren und über die Funktion der Leitbachen schwafeln. Nun, man könnte sich beim Schwarzwild ja auch auf die Jagd im Feld draußen beschränken oder an einer oder zwei abseitigen Kirrungen.

Dann gibt es aber auch noch jene, die im Juni und Juli lustig auf den arglosen Jungfüchsen herumpulvern, die auf den Wiesen jagdliche Erfahrungen sammeln. Glaubt wirklich einer, der mit Knall, Schweiß und Jäger verbundene Schuss auf den Jungfuchs

Rehbrunft!
In einigen Ländern, wie zum Beispiel in Dänemark, ruht die Jagd in der Brunft.

– gerade in der „heikelsten“ Abendstunde – ginge an den Rehen ohne Beunruhigung vorbei?

Dieses Thema abschließend sei ein Blick nach Dänemark erlaubt. Dort haben Schmalrehe und Rehböcke vom 1. Mai bis 15. Juli Jagdzeit. In der Blattzeit und danach darf aus „ethischen Gründen“ (wie in vielen anderen Ländern auch) nicht gejagt werden. Los geht es dann wieder am 1. Oktober – auf alles Rehwild! Ende ist am 31. Jänner. Die Strecken in Dänemark steigen.

Blattzeit

Ja, Blattzeit hat Tradition, war schon hohes herrschaftliches Vergnügen, als noch die Mehrzahl der Rehe im Herbst vorm Hund und mit Schrot geschossen wurde. So lässt sich beispielsweise bei der Fürstlich Fürstenberg'schen Forstverwaltung in Donaueschingen die Blattjagd bis ins 18. Jahrhundert zurückverfolgen. Insgesamt gesehen trägt sie aber heute zur Abschusserfüllung herzlich wenig bei. Erfolgreich lässt sich ohnehin erst ganz am Ende der Brunft blatten, dann, wenn die meisten vorhandenen Geißen bereits beschlagen sind.

Blattjagd hat ohnehin stark an Bedeutung verloren, seit die Schusszeit der Rehböcke vorgezogen wurde und fast überall Wert darauf gelegt wird, frühzeitig mit der Jagd zu beginnen. Gleichwohl wäre sachlich gegen die erste Augustwoche als Zeit der Blattjagd wenig einzuwenden. Insgesamt aber wäre im Rehrevier eine Jagdruhe von spätestens Mitte Juni bis 1. September durchaus sinnvoll. Es ist halt die Frage, was uns wichtiger ist: etwas mehr Ruhe für das Wild oder unser Vergnügen?

Die Blattjagd selbst ist eine ziemlich simple Angelegenheit, sofern der Jäger sich bis zum Ende der Rehbrunft gedulden kann. Zwar reden viele Jäger von der Blattzeit, wenn sie die Rehbrunft meinen, doch beginnt der erfahrene Jäger erst dann zu blatten, wenn die Brunft sich ihrem Ende zuneigt und fast alle Geißen beschlagen sind. Die Böcke sind dann „aufgedreht“,

Blatten – gegen Ende der Brunft.

Die Blattjagd mag eine lange Tradition haben, aber zur Abschusserfüllung trägt sie eher wenig bei.

finden aber kaum noch paarungsbereite Geißen. Umso größer ist ihre Bereitschaft, auf das Blatten des Jägers zu springen. Das ist erst in den letzten Julitagen der Fall und endet meist in der ersten Augustwoche. Allerdings springt im Gebirge mancher Bock auch noch um den 15. August herum. Es ist einfach so, dass der Zeitpunkt des Eisprungs bei der Geiß in einem bestimmten Verhältnis zur vorausgegangenen Geburt ihrer Kitze steht. Und die erfolgt in den Hochlagen später als im Tiefland.

Mehr als der richtige Zeitpunkt fürs Blatten wird das richtige Wetter diskutiert. Trocken und heiß muss es angeblich sein. In

Auf den Punkt gebracht

- Blattstände müssen diskret und unter Beachtung des Windes erreichbar sein.
- „Vorfeld“ soll gut einsehbar sein, aber nicht völlig deckungslos.
- Vor dem Blatten wenigstens zehn Minuten warten, dann eher diskret anfangen und langsam heftiger werden.
- Zehn, fünfzehn Minuten Pause einlegen und konzentriert warten. Böcke kommen manchmal regelrecht geschlichen. Je nach Gefühl und Laune das Ganze noch einmal wiederholen.
- Springt ein Bock, wird er möglichst erlegt. Ein zweites Mal wird er eher nicht mehr springen. *(Anmerkung am Rande: Böcke springen – wie gesagt – nicht unbedingt, häufig nähern sie sich unbedarft oder schleichen regelrecht.)*
- Abgang möglichst unbemerkt.

Wirklichkeit ist den Böcken das Wetter ziemlich egal. Sie folgen ja nicht der Sonne oder den Regenwolken, sondern ausschließlich paarungsbereiten Geißen, deren Eisprung sich nicht am Wetter orientiert! Dass ein Bock eine brunftige Geiß hätte ziehen lassen, ist ebensowenig bekannt wie ein Bock, der sich sein Paarungsverhalten am Jägerstammtisch erklären lässt …

Ich habe in mehr als sechs Jahrzehnten niemals erlebt, dass ein Bock bei wirklichem Sturm oder anhaltendem Landregen getrieben hätte. Das wird aber ganz wesentlich damit zusammenhängen, dass ich bei derartigen Wetterlagen auch nie zum Blatten ins Revier ging! Ansonsten konnte ich keine Wetterlage erkennen, von der ich aus Überzeugung sagen könnte, sie sei zum Blatten ungeeignet oder eben besonders günstig. Böcke sprangen im Allgäu an Tagen, an denen die Gipfel der Hochberge frisch überschneit waren, wie an glühend heißen Tagen. Es durfte seit Wochen trocken sein oder den ganzen Tag regnen – einerlei! Wenn Jäger den Eindruck gewinnen, an heißen Sommertagen würden die Böcke am sichersten aufs Blatt zustehen, dann mag das auch damit zusammenhängen, dass sie es an kalten oder durchregneten Tagen gar nicht versuchen.

Der Herbst und unsere Ausreden

Im Herbst, je nach Revierverhältnissen so ab der zweiten Septemberhälfte, steigt die Beobachtbarkeit noch einmal an. Die Rehe sind viel unterwegs, weil sie äsen müssen, um Feist anzusetzen. Der Herbst hat aber mitunter auch Tücken, etwa wenn draußen im Feld noch der Mais steht. Der bietet nicht nur Ruhe und Deckung, er ist auch eine wahre Mastfütterung.

Wo es reichlich Eicheln und/oder Buchenmast gibt, sind die Rehe oft kaum noch zu sehen. Sie müssen nicht ziehen, schon gar nicht in die Ende August oder Anfang September noch gegüllten Wiesen, weil sie sich in den Beständen die Pansen füllen können.

Nach der Maisernte.
Solange die Fläche nicht umgebrochen wird, halten auch die Rehe Nachlese. Liegt der Maisschlag weiter draußen im Feld, muss der Jäger sich etwas einfallen lassen. Er muss erkunden, von wo die Rehe kommen und wohin sie am Morgen ziehen.

In den letzten Jahren tritt auch der Laubfall – vermutlich eine Folge der heißen Sommer – oft verzögert ein. Früher färbten die Buchen Ende September. Inzwischen färben sie ziemlich unberechenbar bis zu vier Wochen später. Das hat natürlich auch jagdliche Folgen, einfach weil im Wald die Sicht fehlt. Wenn der Winter oder zumindest Niederschläge, Frost und Wind später kommen, drückt es auch Waldgräser und Stauden später nieder. Sicht und Schussfeld im Wald bleiben länger begrenzt.

Der Herbst bietet für den Rehjäger aber auch günstige Situationen, nur erkennt er sie nicht immer rechtzeitig. Wird der Mais geerntet, bleiben jede Menge Körner und Spindeln zurück, für die sich das Rehwild interessiert. Nur muss der Jäger rasch zur Stelle sein, weil die abgeernteten Flächen meist nach wenigen Tagen umgebrochen werden. Manche Jäger reagieren auch einfach deshalb nicht, weil sich keine Ansitzeinrichtung in der Nähe befindet. Da hilft ein leichter, transportabler Schirm, der rasch

Auf den Punkt gebracht

- Im September ist es in der Früh meist besser als am Abend.
- Keine Rücksicht auf das Gewicht der Kitze nehmen. Die jetzt noch besonders schwachen Kitze legen bis zum Winter nur wenig zu, werden teilweise auch nicht mehr gesehen, und viele überstehen den Winter ohnehin nicht.
- Geiß und Kitz möglichst gemeinsam erlegen, um den Jagddruck zu reduzieren.
- Schmalrehe sind jetzt von Geißen kaum noch zu unterscheiden.

bei einer solchen Fläche aufgestellt werden kann. Ein Tarnnetz gibt die notwendige Deckung.

Was die Rehjagd im Frühherbst bremst, sind oft Emotionen und Vorbehalte. Vielen Jägern sind die Kitze noch zu leicht; es geht um den Wildbreterlös. Tatsächlich aber ist der Zuwachs an Gewicht von September bis Dezember eher gering. Ganz abgesehen davon wird die Abschusserfüllung in den meisten Revieren kaum gelingen, wenn damit erst im Dezember angefangen wird. Überdies profitieren die überlebenden Rehe am meisten, wenn der Abschuss so früh wie möglich erfüllt wird!

Der Frühwinter

Den Begriff Frühwinter wollen wir hier nicht im kalendermäßigen Sinn verwenden, weil er den unterschiedlichen Verhältnissen in den Revieren wie in den einzelnen Jahren in keiner Weise gerecht wird. Es kann ja bereits Ende Oktober schneien und der Schnee

Eine Geiß und ihr Kitz im Dezember; wer ist wer?
Die Spezialisten unter uns unterscheiden aber auch noch treffsicher Geiß und Schmalreh …

manchmal sogar liegenbleiben. Das ist zwar – wohl eine Folge der Klimaerwärmung – immer seltener. Doch Mitte November ist allemal mit Schnee und tiefen Temperaturen zu rechnen, und niemand wird einen Frühansitz bei minus 5 Grad und leichter Schneedecke als Herbstvergnügen empfinden. Daher wollen wir den Begriff Frühwinter hier dem Wetter unterordnen.

Die Rehe sind jetzt zwar nicht besonders viel unterwegs, dennoch häufig zu sehen. Die Nächte sind lang und kalt. Da nutzen die Rehe besonders gerne die Sonnenstunden am Vormittag. Sie haushalten dabei mit ihren Reserven, denn sie wollen ja noch zulegen und nicht abnehmen. Daher ziehen sie nicht mehr als notwendig. Sie betten sich gerne in der Sonne, tanken Wärme, womit sie bereits Kalorien sparen. Zwischendurch werden sie hoch, äsen, ziehen nicht weit. Regen, erster Schnee und Wind haben die Vegetation zu Boden gedrückt und Sicht geschaffen.

Es sind also nicht so sehr die meist kalten Frühstunden, in denen der Jäger Anblick hat, eher die viel angenehmeren

Auf den Punkt gebracht

- Der Frühansitz ist jetzt im ortsnahen Revier meist nicht mehr so ergiebig wie im September, weil es spät hell wird und schon viel Betrieb herrscht (Berufsverkehr, Jogger usw.). Vormittage sind nach kalten Nächten und/oder bei Schnee empfehlenswert.
- Ansitz an Wiesenflächen ist ziemlich sinnlos. Im Wald, an ruhigen Örtlichkeiten, schon gegen 15 Uhr sitzen. Rehe sind früh unterwegs. Am Waldrand, etwa vor einem Rapsacker, kommen die Rehe eher später.

Vormittagsstunden. Hochsitze, die der Jäger recht erfolgreich für den traditionellen Früh- oder Abendansitz nutzt, eignen sich nicht unbedingt für den Ansitz am Vormittag. Warum? – Am Abend und Morgen findet vielfach ein Wechsel zwischen Einstand und Äsungsfläche statt. In der dazwischenliegenden Zeit halten sich Rehe lieber auf engem, möglichst störungsarmem Raum auf.

Im Hochwinter?

Der österreichische Leser wird spontan fragen, wo es noch jagdliche Barbaren gibt, die im Hochwinter Rehe jagen? Umgekehrt wird mancher deutsche Leser fragen, wie der Österreicher einen angemessenen Abschuss erfüllen will, wenn er bereits an Silvester sein Gewehr putzt und einsperrt? Beide untermauern ihre Anschauungen mit handfesten Argumenten. Zweifellos müssen die Rehe im Hochwinter mit ihren Reserven haushalten, und die

Rehgeiß im Hochwinter.
Es hat ordentlich Schnee hergeworfen, der die Dämmerung lang werden lässt. Da ziehen die Rehe manchmal spät.

Jagd – auch die Einzeljagd vom Hochsitz aus – frisst an diesen Reserven. Die anderen verweisen darauf, dass die Jagd gerade im Januar recht effizient sei. Das klingt zunächst wie ein Widerspruch, vor allem wenn man bedenkt, dass die Rehe sich im Hochwinter – eben um Energie zu sparen – relativ wenig bewegen. Doch neben den guten Sichtverhältnissen – wenig Vegetation und meist Schnee – ist es gerade eine gewisse, energiesparende „Trägheit", welche die Jagd erleichtert. Erinnert werden muss an dieser Stelle auch daran, dass in manchen europäischen Ländern sogar im Februar und März auf Rehwild gejagt wurde *(ein Überblick dazu findet sich im Buch „Rehe in Europa", siehe Seite 224).*

Der kritische Leser wird – wo es in diesem Kapitel doch um die Intervallbejagung geht – für die Jagd im Hochwinter wenig Verständnis aufbringen. Letztlich geht es aber bei der Intervalljagd nur um eine starke Verkürzung der Jagdzeit auf ein paar

Blöcke, zwischen denen Ruheintervalle liegen. Sie gelingt nur, wenn für die Jagd jene Zeiten genutzt werden, die *örtlich* Sinn machen. Ob es Sinn macht, in einer bestimmten Zeit zu jagen, hängt aber nicht nur von den Gegebenheiten des Reviers ab, sondern auch von den zeitlichen Möglichkeiten des Jägers.

Wenn ich mir die Abschusslisten einiger großer Forstverwaltungen anschaue, in denen vor allem externe Birschbezirksinhaber jagen, dann sind gerade solche Zeiten scheinbar effizient, in denen der Profi eher daheimbleibt. Dazu gehören gerade im Herbst und Winter die Wochenenden – dann, wenn auch viele eher störende Nichtjäger unterwegs sind! Das gilt auch für die Tage zwischen Weihnachten und Dreikönig. Es ist einfach so, dass berufstätige oder weiter vom Revier entfernt wohnende Jäger fast nur in diesen Tagen Zeit haben. So scheinen Zeiten besonders positiv auf, obwohl sie genau betrachtet eher negativ besetzt sind. Der im selben Revier jagende und von Montag bis Freitag täglich ins Revier kommende Förster macht unter der

Auf den Punkt gebracht

- Ansitz an der Kirrung (wo erlaubt) ist jetzt besonders erfolgreich, da natürliche Äsungsreserven weniger werden.
- Revierfahrten zeigen oft mehr Wild als Morgen- und Abendansitz.
- Wo passendes Gelände vorhanden, verspricht die Birsch zu zweit Erfolg *(siehe Seite 162 ff)*.
- Kleine, stille Riegler, bei denen einer das Wild in Bewegung bringt und ein Schütze oder auch mehrere abgestellt werden, lassen sich ohne große Planung umsetzen *(siehe Seite 175 ff)*.

Woche Strecke; am Wochenende und an Feiertagen bleibt er eher daheim. Das zeigt wieder einmal, dass es notwendig ist, alle nicht selbst gefälschten Statistiken äußerst kritisch zu betrachten!

Nehmen wir den jagenden Bauern. Der kann es sich im Dezember und Jänner eher erlauben auf die Jagd zu gehen als in den davorliegenden noch arbeitsreicheren Monaten. Oder nehmen wir den Maurer oder Zimmermann, beides stark vom Wetter abhängige Berufe. Häufig werden sie von ihren Arbeitgebern vor Weihnachten abgemeldet und aufs Arbeitsamt geschickt. Oder sie werden genötigt, in den grimmigen Wintermonaten ihren Urlaub zu nehmen und ihre im Herbst angesammelten Überstunden abzufeiern. Für sie ist ziemlich klar, wann sie auf die Jagd gehen wollen und wann ihnen eine jagdliche Ruhepause ziemlich egal wäre. Was lernen wir daraus? Dass eine lange Jagdzeit nicht schlecht sein muss, wenn sich der Jäger selbst zu beschränken weiß. Dabei bringt es nichts, wenn er eben nur ein- oder zweimal pro Woche auf die Jagd geht. Ruheintervalle unter drei Wochen bringen kaum etwas. Je länger, umso besser!

Heute, wo das Schwarzwild fast überall zum Problem wurde, sehen sich viele Jäger dazu gezwungen, auch im Januar noch Bewegungsjagden durchzuführen. Ist der Rehwildabschuss noch nicht erfüllt, werden – vor allem in den Forstverwaltungen – meist auch Rehe freigegeben. Dagegen lässt sich sachlich kaum etwas einwenden, denn beunruhigt werden diese auch dann, wenn die Jagd nur dem Schwarzwild gilt. Es wäre eher unlogisch, das Rehwild gleich mehrfach zu beunruhigen: mit der Saujagd und mit der Ansitzjagd.

Trotzdem wollen wir hier nicht weiter auf die Drückjagd eingehen. Was deren Durchführung im Detail betrifft, darf ein weiteres Mal auf das Buch „Riegeljagd“ verwiesen werden. Hier in diesem Buch sollten eher die unterschiedlichen Möglichkeiten der Rehwildbejagung im Hochwinter aufgezeigt werden.

Erlebt

Viele Jahre hatte ich ein rund 350 Hektar großes Rehrevier im Voralpenland gepachtet – irgendwo nicht weit hinter Bregenz, im Allgäu draußen. Es wurde mir angetragen, und mein Interesse war anfangs bescheiden. Immerhin lagen zwischen unserem Wohnsitz in Kärnten und dem Revier rund 500 Kilometer. Die fährt man nicht für einen Abend- und einen nachfolgenden Frühansitz. Man muss seine Jagdaufenthalte planen, muss überlegen, wann es am sinnvollsten ist, wann es sich lohnt. Schließlich sagte ich zu und übernahm zusätzlich die Jagdleitung für die gesamte, aus mehreren kleinen Revieren bestehende Gemeindejagd. Das Revier war einfach schön: grob ein Drittel war Wald, ein Drittel war Hochmoor und der Rest waren Wiesen, zur Hälfte intensiv bewirtschaftete und zur anderen Hälfte blumenreiche Feuchtwiesen.

Ich beschloss, das Revier alleine zu bejagen, ohne Ausgeher und ohne Aufsichtsjäger. Für die Versorgung des Straßenfallwildes war revierübergreifend gesorgt, und der Förster sowie zwei der Bauern hatten wache Augen. Die Bundesstraße bildete die Reviergrenze; mehr als zwei Rehe pro Jahr wurden nie überfahren. Dass ich mich entschloss, alleine zu jagen, hatte rein gar nichts mit Egoismus oder gar Jagdneid zu tun. Mir war jedoch von vorneherein klar, dass ich ohne Intervallbejagung jagdlich nicht weit käme. Dann lieber den einen oder anderen guten Freund zu gemeinsamem Jagen einladen – ausschließlich im Rahmen der Intervalljagd. Ein Ausgeher würde – höchstwahrscheinlich – zu allem untertänigst ja sagen und dann machen, was er wollte. Mit überraschenden Besuchen meinerseits musste er ja nicht rechnen – 500 Kilometer …

Jagdaufsichtsorgane sind außerhalb Österreichs kaum irgendwo Pflicht, schon gar nicht in Deutschland. Dagegen würden Jagdverbände (nur freiwillige Mitgliedschaft) und Jäger auf die Barrikaden gehen. Ich wollte auch keinen „Helfer", der dann im

Sommer Füchse schoss und sie in den nächsten Busch warf, da hätten mir wahrscheinlich die Bauern die Pacht gekündigt; sie hatten den Füchsen eine Aufgabe zugedacht – Mäusefang! Ich wollte auch niemanden, der mir die Böcke ausmacht; ich wollte ja nicht für irgendwelche Exekutionen so weit anreisen, sondern schlicht jagern. Sollte mir kein „richtiger" Bock über den Weg laufen, dann halt ein Jahrling oder ein Schmalreh. Jagd sollte Erleben, Hoffnung und letztlich Freude sein, mehr nicht! Auch für die Winterfütterung bedurfte es keines Helfers; Fütterung war im Vertrag untersagt. Darin hatte ich bereits Erfahrung, denn auch in Kärnten gab es viele Reviere, in denen die Rehe nicht gefüttert wurden. Die Jagdgesetze hier wie dort ermöglichten das.

Was nun die „Wildbestätigung" betraf, so zeigten sich die Rehe in dem kleinen Moosrevier sehr entgegenkommend. Im Winter hinterließen sie im Schnee Fährten, Lager und Losung, und im Sommer „markierten" sie bestimmte Pflanzen mit ihren Äsern … Wenn ich für ein paar Tage, manchmal waren es auch zwei Wochen, ins Revier fuhr, dann durfte ich absolut sicher sein, dass zwischen meinen Aufenthalten kein Schuss fiel und kein Jäger seine Fährte legte oder vom Hochsitz aus seine Witterung verteilte. Menschen waren die Rehe dennoch gewöhnt. Diagonal durchs Revier zog sich ein Weg, der den Sportvereinen zweier entgegengesetzt liegender Gemeinden als Jogging- und Walkingstrecke diente. Auf ihm führten die Sportradler ihre bunten Billigklamotten von Lidl & Co. vor, und junge Damen ließen im Schritt wie im Galopp ihre Pferde frische Waldesluft atmen. Alle die vielen Sportler und Erholungsuchenden rochen schlicht nach Homo sapiens – auch ich. Gewiss, der Jäger riecht meist um etliche Nuancen anders als der Spaziergänger oder Beerenklauber. Aber damit die Rehe seine spezielle Witterung verinnerlichen können, muss er sie ausreichend oft belästigen. Genau dazu fehlte mir die Zeit. Blieb noch, dass ich mich anders bewegte als Jogger, eher so leicht behindert, dass ich nicht weithin hörbar mit Stöcken klapperte und dass mir im Winter nicht – wie den auf Leistung bedachten Skilangläufern – der Rotz übers Gesicht lief. Letzteres fand ich ganz persönlich angenehm.

Das wichtigste Instrument meiner Intervalljagd war der Kalender. In ihm blockierte ich schon vor der Jahreswende jene Zeiten, in denen ich im Revier sein wollte. Das waren alljährlich die ersten beiden Maiwochen sowie die zweite und dritte Septemberwoche. Das waren meine Fixtermine. Natürlich hatte das nicht immer exakt geklappt. Manchmal erzwang der Beruf, die Jagd etwas zu schieben. Doch im Großen und Ganzen blieb es dabei. Ein- oder zweimal im Laufe des Sommers erlaubte ich mir einen kurzen Besuch, wenn ich geschäftlich draußen oder in der benachbarten Schweiz zu tun hatte. Fiel der Besuch in die Blattzeit, nahm ich das Gewehr mit – 9,3 x 72 R, Schwarzpulver. Mehr braucht der Mensch nicht, um einem Rehbock sein irdisches Leiden zu verkürzen.

Die Zeiten waren mit Bedacht gewählt. In jener furchtbaren, heute unter deutscher Verwaltung stehenden, aber bis 1804 zu Österreich gehörenden und nur von einem kleinwüchsigen Franzosen an Württemberger, Badener und Baiern (die schrieben sich damals so) verschobenen Gegend, blühte in der ersten Maiwoche der Löwenzahn. Jedes zweite Jahr verschwanden die gelben Blüten unter einer dünnen Schneedecke. Aber die Rehe waren bereits unterwegs! Spätestens in der dritten Maiwoche begannen die Bauern, den manchmal kaum mehr als zehn Zentimeter hohen Aufwuchs zu mähen. Anfangs kam der gemähte Aufwuchs in die Trocknung und wurde zu Presslingen, später kamen das Grünmehl und die daraus entstehenden Pellets, Cobs und Briketts aus der Mode, und es wurde Mitte Mai bereits Silage gemäht. Anschließend kam die Gülle darüber und danach durfte man die Wiesen ziemlich vergessen. Diese Umstände gaben den Termin vor.

Außerdem gab es noch zwei mit Fragezeichen versehene Blockaden. Die erste so vor und nach dem Hubertustag und zwei Wochen vor Weihnachten. Die Fragezeichen bedeuteten, dass ich für die Feinabstimmung – wenn möglich – die von Jahr zu Jahr unterschiedliche Wetterlage berücksichtigen wollte. Im Herbst mussten Laubfall, Regen oder Schnee Sicht geschaffen haben. Das konnte in jener kalten, niederschlagsreichen Gegend schon Ende Oktober der Fall sein, manchmal wurde es aber auch Mitte November. Ich versuchte also, entsprechend zu schieben.

Einen Teil der die Waldränder bewachenden Hochsitze baute ich gleich nach Übernahme ab. Dafür entstanden an geeigneter Stelle zwei überdachte, ohne Störung zu beziehende Bodensitze, von denen aus man die Waldränder im Blick hatte. In der Nähe der Bodensitze befand sich jeweils eine Salzlecke, zu der die Rehe kamen. Im Bedarfsfall – wenn Rehe grundsätzlich nicht näher zum Sitz zogen – nutzte ich einfachste, rasch aufgestellte Schirme oder setzte mich am Waldrand aufs Stockerl. Dieses Prinzip jagdlichen Minimalismusses in zeitlicher wie in technischer Hinsicht war überaus erfolgreich. Ein einziges Jahr ausgenommen, war der Abschuss immer Anfang Dezember erfüllt. Mit dazu beigetragen hat mein Freund Andreas, Sohn eines steirischen Försters und selbst Forstmann, der wusste, worauf es ankam.

Und die Jagdkollegen in den anderen Revieren der Gemeinde? Jeder war kollegial und sozial und hat revierlosen Jägern einen Ausgehschein geboten. Jeder hat mit seinen Mannen Hochsitze gebaut, Salzsteine und Kirrfutter getragen – und mit der Abschusserfüllung Mühe gehabt. Gejagt wurde bis Ende Jänner. Und warum ging es bei ihnen so schwer? Weil alle in Reviernähe wohnten und so oft wie möglich – im Sommer nahezu täglich – draußen waren. Das waren schlicht neun Monate „Guerilla" gegen Rehe.

Jahre später durfte ich hier in Kärnten in unserer Gemeindejagd mitgehen. Es war sehr schön, weil direkt vor der Haustür gelegen, weil ich mit dem Radl ins Revier fahren konnte, nicht unbedingt ein Auto benutzen musste: rund tausend Hektar und zwanzig Jäger… Auch wenn einige der Mitglieder Jahre hindurch nicht mehr im Revier waren und andere nur sporadisch jagten, so war die Erfüllung des beim Rehwild eher bescheidenen Abschusses kaum je gegeben.

Schwerpunktbejagung – Beunruhigen ist auch schon was

Was nicht gelingen kann

Bei der Schwerpunktbejagung soll nicht nur möglichst viel Wild auf einer begrenzten Fläche erlegt, sondern es soll auch vertrieben werden. Im Prinzip kann der Jäger auf bestimmten Flächen formlos und im Rahmen des Abschussplanes einen Schwerpunktabschuss vornehmen. Dann ist er selbstverständlich an die gesetzlichen Schonzeiten gebunden. Ein Schwerpunktabschuss kann aber in einigen Ländern auch angeordnet werden, wobei Abschussplan und Schonzeiten aufgehoben werden. In Bayern gelten derartige Regelungen besonders in Schutzwald-Sanierungsgebieten. Meist ist dann alles Schalenwild – mit Ausnahme der zur Führung von Jungtieren erforderlichen Elterntiere – ganzjährig zu erlegen. In Österreich ist meist von Freihaltezonen die Rede. Zweck und Methodik sind vergleichbar.

Schwerpunktabschüsse werden besonders von angrenzenden Jägern heftig kritisiert. Verwiesen wird dabei auf den Vakuumeffekt, also darauf, dass stets Wild aus den Nachbarrevieren zuzieht. Das stimmt auch, allerdings in nennenswertem Maße nur dann, wenn die Wildbestände der Nachbarreviere entsprechend hoch sind. Bei den Rehen wandern fast ausschließlich Jahrlinge beiderlei Geschlechts zu, die im Geburtsrevier weichen müssen.

Grundsätzlich kann mit dieser Jagdmethode der Rehwildbestand einer begrenzten Fläche drastisch abgesenkt werden. Die Fläche wildfrei zu machen und gar auch noch über Jahre annähernd wildfrei zu halten, ist schlicht nicht möglich. Es ist meist auch nicht erforderlich, weil bereits eine vorübergehend starke Absenkung die Verjüngung hochkommen lässt. Anlass für solche Maßnahmen sind fast immer Schutzwaldsanierung oder Kalamitäten durch Sturm, Schnee oder Eis und nachfolgend meist Käferbefall.

Die „kleine Lösung“

Hier soll es um die „kleine Lösung“ gehen, die sich in fast jedem Revier ohne große Formalitäten praktizieren lässt. Verbiss lässt sich ja, wo Rehe leben, nie ganz vermeiden, und es kann keine Diskussion darüber geben, dass Rehe einen berechtigten Anspruch auf Nutzung jenes Lebensraumes haben, den sie sich in der Evolution erkämpft haben. Das geht auch alles gut, solange die Zahl der Rehe diesem Lebensraum angepasst bleibt und wir Menschen etwas Toleranz zeigen. Allerdings verteilt der Lebensraum – das Revier – seine Gaben nicht gleichmäßig und auch die Rehe lassen sich nicht nach dem Gießkannenprinzip gleichmäßig über den zugedachten Lebensraum verteilen. Kleinklima, Verteilung und Struktur des Pflanzenwuchses und viele andere Faktoren bestimmen das Muster der Raumnutzung. Rehe bevorzugen bestimmte Plätze, und Förster bevorzugen (für gewisse Baumarten) bestimmte Plätze. Daher sollten auch wir bestimmte Plätze bei der Jagdausübung bevorzugen – jene, an denen relativ viel Wild mit empfindlicher Forstkultur zusammentrifft.

In fast jedem Revier gibt es solche Ecken, die für begrenzte Zeiträume forstlich belanglos sind. Andere Ecken sind für ebenso begrenzte Zeit empfindlich. Hier müssen wir Jäger die Verantwortung und den Mut haben, unkonventionell zu handeln – unseren Abschuss schwerpunktmäßig zu lagern.

Stellen wir uns eine Kultur oder Verjüngungsfläche vor, auf der die alltägliche Fichte noch ganz gut durchkommt, nicht aber die 10 Prozent Beimischungen. Fichtenkulturen werden bei uns mit knapp 3.500 Pflanzen je Hektar begründet. 10 Prozent Beimischung wären folglich 350 Pflanzen. Handelt es sich bei den

Verbiss an Ahorn.
Besonders entlang der Wegränder wird gerne das Laubholz verbissen. Da lohnt es sich, an passender Stelle anzusitzen.

Beimischungen um Laubhölzer und unterstellen wir pro Pflanze fünf Gramm Verbissmasse, so würden die Beimischungen eines ganzen Hektars Kulturfläche im Herbst und Winter maximal 8,75 Kilogramm Verbissmasse liefern. Diese Werte werden aber kaum erreicht.

Unterstellen wir einem Reh während der Herbst- und Wintermonate die tägliche Selektion von 0,5 Kilogramm Laubholzmasse, so müssen diesem Reh mehr als 5 Hektar Kulturfläche – nicht Waldfläche(!) – zur Verfügung stehen, damit es seine Bedürfnisse auch nur 90 Tage lang auf dieser befriedigen kann.

Bedenkt man, dass ein wesentlicher Teil der Kulturen ohne derartige Laubholzbeimischungen begründet wird, so erhalten wir noch erschreckendere Zahlen.

Da man den totalen Verbiss wohl kaum zugestehen wird, allenfalls auch beim Laubholz – je nach vorhandener Masse – zwischen 10 und 30 Prozent verbissene Pflanzen verkraften kann, dürfte die Rehwilddichte, will man auf Zaun und Naturverjüngung verzichten, nur etwa 0,2 (!) Stück je 100 Hektar betragen. Ein Ziel, das weder vertretbar noch durchführbar ist. Weniger als 5 Rehe/100 Hektar sind, allen traditionellen Zahlenspielen zum Trotz, in großen Waldrevieren nicht mehr erfassbar, und was darunterliegt allenfalls noch per Zufall erbeutbar. Hier hilft nur der Schwerpunktabschuss. Wild dort in Ruhe lassen, wo es nur unbedeutende Schäden stiften kann, und dort massiv und „ohne Ansehen der Person“ erlegen, wo es die Situation erfordert. Damit werden nicht nur empfindliche Standorte entlastet, sondern auch großflächige jagdliche Ruhezonen geschaffen.

Es gibt zwei Wege der Schwerpunktbildung, die gleichermaßen gangbar sind:

1. Man geht punktuell vor, das heißt, man tätigt den Abschuss auf einer Reihe besonders gefährdeter Flächen, wobei diese Schwerpunkte über Jahre hinweg dieselben bleiben.
2. Man verlegt den Abschuss im Turnus der Jahre schwerpunktartig auf gefährdete Flächen. Das heißt, man teilt ihn auf wenige größere Bereiche auf, unter Vernachlässigung anderer, vielleicht ebenfalls schutzbedürftiger Flächen, um im nächsten Jahr neue Schwerpunkte zu bilden. Wofür man sich entscheidet, hängt von der Größe und Struktur des Waldes, aber auch von der Abschusshöhe ab.

Für unsere Verhältnisse erscheint mir die zweite Variante die bessere. Folglich bildete ich jährlich etwa zwei größere Schwerpunkte, in denen ich 50 bis 75 Prozent des Abschusses (Böcke nicht mitgerechnet) erfüllte. Der Rest wurde nach den üblichen Kriterien getätigt. Durch die Bildung von Bejagungsschwerpunkten wird erreicht, dass den dadurch begünstigten Kulturen und/oder Verjüngungen zumindest ein großer Jahresschub gelingt. Einmal, weil sie bei frühzeitigem Abschuss dem „Herbstschnitt" entgehen und damit im Frühjahr ein unversehrter Terminaltrieb zur Verfügung steht; zweitens, weil natürlich auch im folgenden Sommer der Verbissdruck noch relativ gering ist. Das ermöglicht den unverbissenen Pflanzen Zuwächse, die bis zu 300 Prozent über jenen nach vorausgegangenem Herbst- und Frühsommerverbiss liegen.

Bei der Tanne werden vielerorts weit über 90 Prozent der Sämlinge im ersten Jahr totgebissen. Die stärkeren Tännchen hätten aber bereits nach zwei Jahren die Chance, geringen Verbiss zu überstehen. Eine Verschnaufpause kann für sie lebensrettend sein.

Wirksamer Schwerpunktabschuss hängt aber auch von der Art forstlicher Bewirtschaftung ab. In Wäldern mit kleinparzelliger Besitzstruktur wird man sich immer schwertun. Zu klein, zu zersplittert sind dort oft die Verjüngungsflächen. Überhaupt kommt es auf die Abstimmung mit der forstlichen Planung an. Forstlich stellen sich folgende Fragen:

1. Welche Flächen sind wenig gefährdet:
   a) infolge der Altersklassenstruktur,
   b) weil ohnehin nur die Hauptbaumart nachfolgen soll,
   c) weil es den Umständen entsprechend nur mit Zaunschutz geht?

2. Welche Flächen kommen zur Einleitung der Naturverjüngung mit gezielter Beimischung überhaupt in Betracht?
   a) Welche dieser Flächen liegen benachbart und bilden einen Komplex?
   b) Bei welchen von ihnen ergibt sich durch folgende Saumnutzung langfristig die Notwendigkeit einer Wildreduktion?
   c) Welche dieser Flächen sind so klein oder isoliert, dass ein Schwerpunktabschuss nicht wirksam wäre?

Überträgt man die Antworten – hauptsächlich nur die auf Frage 2a – auf die Revierkarte, so wird die Sache schon etwas deutlicher; es zeichnen sich Schwerpunkte ab. Erfahrungsgemäß lässt sich unter 50 Hektar nur sehr selten eine Wirkung erzielen.

Auf den Punkt gebracht

- Vergrämung statt Jagd führt nicht zu wesentlich weniger Rehwild, sondern nur zur Verlegung der Aktivitäten in die Dunkelheit oder in unbejagbare Flächen. Abwanderung ist vor allem im Sommerhalbjahr nur schwer möglich.
- Zunächst Abschuss so intensiv wie möglich, ohne Beschränkung bei Zahl und Klasse. Einzige Beschränkung ist der Tierschutz, sowohl was das Schießen betrifft wie den Mutterschutz.
- In dieser Zeit intensiver Jagd (mindestens ein, besser zwei Jahre) keine bewusste Störung auf der Fläche mit dem Ziel, Wild zu verdrängen.
- Erst, wenn die Jagd nichts mehr bringt und allenfalls noch junge Zuwanderer erlegt werden, auch Vergrämung.
- Fläche nur einem oder zwei Jägern zuweisen; allgemeine Freigabe führt eher zur Behinderung, bei rasch sinkendem Jagderfolg. Bei zu großen Flächen, z. B. Schutzwaldsanierung, mehrere Jagdblöcke machen.

Erlebt

Im hinteren Teil unseres rund 150 Hektar großen Gießwaldes lagen – eng beieinander – mehrere Verjüngungsflächen, weitere Altholzreserven standen noch zur Ernte an, und die Tannenverjüngung hat zu kämpfen. Selbst die Fichte wurde partiell stark verbissen, da die Flächen mehrheitlich grenznah lagen und Rehe aus dem Nachbarrevier zu uns herüberdrückten. In anderen Revierteilen kamen Tanne und Buche ohne Schutz hoch, oder es bestand noch keine Notwendigkeit zu verjüngen. Also schoss ich im Zentrum dieser Verjüngungsflächen von zwei Hochsitzen aus in einem Jahr nicht weniger als dreizehn Rehe. Das waren 43 Prozent des Gesamtabschusses. Auf rund einem Viertel der Revierfläche wurde – ausgenommen ein oder zwei Böcke – überhaupt kein Rehwild geschossen. Ähnlich war es auch in den Folgejahren.

Damit hatte ich innerhalb weniger Jahre nicht nur der Waldverjüngung geholfen; es gab dadurch auch Bereiche, in denen die Rehe das ganze Jahr völlig unbehelligt blieben. Da ich auf Mitjäger keine Rücksicht nehmen musste, gab es weder Proteste noch Streitereien darüber, wer wo gehen durfte. Ausgerottet wurden die Rehe auch dort hinten nicht…